創見文化，智慧的銳眼
www.book4u.com.tw　　www.silkbook.com

創見文化，智慧的銳眼
www.book4u.com.tw　　www.silkbook.com

# 跟任何主管都**合拍**的溝通心法

溝通訓練專家 **鄭茜玲** 著

Good!

Managing Up !
How to Get Ahead
with Any Type of Boss.

# 多一點同理心，就多一分和諧

　　在進入職場將近二十年的日子裡，從菜鳥一隻，一直到成為公司的管理職階層。每年都要迎接一批剛從學校畢業的新人，當然也免不了要送走一些黯然離開的舊人。包括自己，也是在換過幾個工作後，才能找到適合自己的工作。

　　那天聽到朋友說了一句話：「誰沒一點兒病痛呢？」可不是嗎，身體用久了，多多少少有點毛病，純屬正常。其實，在職場上你所會遇到的人又何嘗不是如此呢？沒有誰是完美的。

　　根據人力資源網站調查，與上司不合往往是上班族離職的最主要原因。這個原因並不讓人驚訝，因為在一個企業中，除了把工作做好是本分之外，最難處理的便是「人際關係」。

　　與下屬相處，由於是他來適應你，所以對你而言並沒有太困難。

　　與同事相處，彼此相互適應，平起平坐，所以大家互相尊重是重要的原則。

　　與上司相處，你得自己去適應他，那問題就產生了。

　　因為你必須適應他，而不是他來適應你；你必須去完成他的要求，而不是讓他來與你妥協；他是那個下達指令的人，而你是那個必須使命必達的人。在角色上看起來你似乎是處於配合協助的，是被動且居於弱勢的。但是，你可曾想過，要如何才能讓自己扭轉這樣的局面呢？

　　每一位職場工作人都曾被這個問題困擾過，其實「管理學之父」彼

得‧杜拉克（Peter Drucker）就曾經提出「向上管理」的這個概念來解決。

　　向上管理，顧名思義就是如何去管理你的上司。

　　你有仔細反思過你自己，是否有認真地想過或是觀察過你的上司？你可曾留意過他處理事情的時候，是遲疑？是果斷？是冷靜？還是急進？他的習慣是什麼嗎？

　　以前我曾經有個十分吹毛求疵的女上司。每次到了要與國外代理商續約時，那就是我最痛苦的時候。她一定要一字一句地推敲，逐字逐句地校對合約，整份都是英文，即使對方打錯一個字母，她都可以精確地校正出來。

　　接著，就是一段無止盡的加班期。

　　現在，再回頭一想，她的態度有錯嗎？

　　我當然可以明白她的用心，合約的確很重要，一個字的錯誤都是不能被允許的。可是，在當時加班到辦公室只剩下我和她兩個人的時候，如果你是我，你是否也能有同理心去體會上司的立場嗎？

　　這就是課題——當下的同理心。這包含了尊重與體諒。「同理心」在職場上十分重要，學會理解上司的立場更是一個必學的課題。通常上司所做決策其實都是在方案中不斷地做取捨。所有的決策，有時就只能順了姑情失了嫂意，只能依照著大方向、大原則來做出決定。如果你能用「同理心」去設想，你便會明白有許多事情是難以周全的，並不是每件事情都可以達到雙贏。

　　職場上有各式各樣的上司，不同的主管有不同的個性和風格，運用「同理心」會讓你更能瞭解主管的人格特質、他的想法及要求重點，然後「對症下藥」，在工作上達到主管想要的重點。其實，這樣不是為了迎

合，而是用正確的方法來與他相處。學會應對各類型上司給你的考驗、難題或壓力，不只能累積你處理事情的經驗，也有益於你更瞭解你的上司。只要你用心，這也是一種讓你更瞭解他的方式。只有知己知彼，才能彼此磨合，培養出你們之間的相處模式與工作默契。

這樣的學習，在我的職場生涯，是一件學無止盡的功課。

不論你能力再強，如果不能與主管建立良好的工作默契，不僅工作事務無法順利進展，甚至可能讓你丟了飯碗！現代的年輕人，對於自我的意識越來越注重，而對於團體的觀念卻越來越薄弱。如果只是把「我」放在「上司」的意識之前，那你永遠也無法體會如何跟對人，做對事。為了不在職場上做個永遠平行跳槽的新人，你就要下點兒工夫去瞭解那個給你下達指令的人。

《論語》裡面說過：「始吾於人也，聽其言而信其行。今吾於人也，聽其言而觀其行。於予與改是！」也就是告訴你觀察一個人不要只是光聽他說，相信他說的，而是要一面聽他說之外，還要觀察他的行為。

和你的上司共事，就像你看到交通號誌一樣，紅燈停，綠燈行。先停一停緩一緩，然後仔細觀察你的上司，不要光是聽他說的話，還要能聽懂背後的意思，了解他的needs和wants，主動配合並協助他去達成，相信這樣持之恆地與他互動，你一定會慢慢受到上司的關注和青睞，成為他離不開的左膀右臂。

## 第一章　了解你的上司並盡快讓自己適應他

## 第二章　「說話只表三分意」型的上司，請善用「巧問妙答」來應對

## 第五章 遇到「吹毛求疵」型的上司，要學會「隨時報告」

## 第六章 遇到愛面子的上司，記得隨時要帶著梯子

## 第七章　面對冷靜型的上司，學會用理性的方式溝通

## 第八章　面對食古不化的上司，你要學會舊瓶裝新酒

## 第九章 面對「空降部隊」型的上司，你要學會熱烈接機 9

第一章

了解你的上司，
並盡快讓自己適應他

Managing Up !
How to Get Ahead with Any Type of Boss.

# 向上管理，替自己創造好的工作環境

職場如戰場，這是今時今日的現實社會。

古代的孫武在《孫子兵法》中的「謀攻篇」中曾經說過：「知己知彼，百戰不殆；不知彼而知己，一勝一負；不知彼，不知己，每戰必殆。」

文中所講的「彼」是指敵方；「殆」的意思是失敗。

這幾句話就是說：對自己和敵方的狀況都清清楚楚，作戰時才能立於不敗之地。如果只有了解自己這一方而不了解敵方，那就只有一半的勝算。更為甚者，如果敵我雙方的狀況都不了解，便只有每戰必輸的份兒了。

職場裡的上司雖然不是你的敵人，卻是你必須花心思去瞭解的人。因為，如果你瞭解他，那麼你無論做什麼事都可以達到事半功倍的效果，反之，如果你連他想什麼都摸不透，那恐怕就是事倍功半了。

在職場上，你首先會面對到的就是你的上司。

你與上司相處愉快嗎？

你的上司給了你相對的舞台發揮你的長才嗎？

你能輕易地猜出上司的心意嗎？

你懂得如何用上司的語言和他溝通嗎？

你知道要如何用你的方法引導他來瞭解你接受你的建議嗎？

還是，你根本就是自己埋頭苦幹，默默抱怨著自己懷才不遇？

還是，你打從心裡就認為他的做法很沒有效率，十分豬頭？

更或者，你覺得你們明明朝著同一條路上走，可是他就是跟你過不去，老是和你唱反調？

如何吸引上司的注意、如何給上司留下深刻的好印象、如何讓上司欣賞你、器重你，視你為自己人……這些都是職場必修的學分。

在戰場上，知己知彼才能百戰百勝，這是不變的道理。

曾經聽過有個洞悉人心的故事，姑且不論這個故事的真實性，但是它的的確確道出了知己知彼的重要性：

在古代，有個囚犯因為犯了罪被關進了一座很偏僻的監獄，囚禁在單人牢房中。

一進監獄，獄監便照例怕囚犯一心求死而拿走了他身上的所有利器、褲腰帶等等，自此之後，這名囚犯整天在牢房裡無精打彩地拎著褲頭走來走去。而且他還拒絕吃看守人從門縫底下塞進來的殘羹剩肴，頓時間，他消瘦得很快，骨瘦如柴。

有一天，當他繼續拎著褲子在牢房裡走來走去，正垂頭喪氣的時候，他忽然聞到了包子的味道。他立刻從門口上的小窗口看出去，他見到了一名獄監在走廊上很悠閒地吃著包子，大快朵頤。

這個囚犯內心好想吃一口包子，他思考了半晌。於是，這個犯人朝著那名獄監十分有禮貌地喊著：「不好意思，可以請您過來一下，好嗎？」

那個獄監慢吞吞地走到他的牢房門口，用十分不耐煩的口氣問：「怎麼了，你又想做什麼了？」

這個囚犯低聲下氣地說：「不好意思，可不可以給我一個包子吃？就一個，一個就好，求求您了……」

獄監傲慢地看了他一眼，用很不屑的口吻說：「一個犯人有什麼資格

吃包子？」話一說完，轉身就走。

這時囚犯忽然很嚴肅地將他叫住：「還是請你回來一下。」

「你又想幹什麼？」獄監十分不耐煩地看著這個囉里囉唆的囚犯。

「請您給我一個包子，如果您拒絕，我會立刻用頭去撞牆，直到撞得血肉模糊，不省人事，然後獄方會將我送到大夫那兒。等我醒來後，我就會一口咬定是你把我打成這樣的。不過當然了，他們肯定是不會輕易相信的，但我依然會緊咬住你不放。但是請想一想，你即將面對衙門老爺的審問，你必須向大家證明你的無辜，你將會看到鄉親對你不信任的眼光，光是想到這些麻煩的事，全部都不過是因為你今天不願意給我一個包子而已……」

這名囚犯還沒把話說完，獄監便將包子遞給了他，還為他倒了杯水。

這一切都不過是因為這個囚犯看到了獄監的立場，看到了管理上的弱點。

獄監也很清楚自己的弱點已經被對方看穿，於是很快權衡了事情的利弊，做出明智之舉。

其實，在辦公室裡如何與上級主管相處最重要的就是一定要學會「尊重主管」，還要記住「體諒上司」。遇到讓你吃足苦頭的豬頭主管，與其頂撞或拂袖而去，其實身段大可柔軟一點。畢竟，上司是你最重要的客戶，在職場你不但要會做事，更要學會做人。

職場上的上司，形形色色，你會遇到的也是各式各樣，你很難以不變應萬變。因為不同的領導風格（leadership）可能需要不同的溝通方式。遇到吹毛求疵的，你便不可以只在大綱上著眼；遇到好大喜功的，你就不能天天端盆冷水等著澆他；遇到冷靜謹慎的上司，你便不能毛躁求進。

與上司相處是充滿挑戰的職場生存智慧，是表達自我、拓展生存空間、實現自我人生價值的重要途徑。希望讀者朋友能夠從這本書中找到自

己需要的資訊，學會以領導為核心，以忠誠為支點、以真誠為槓桿，不卑不亢地做個能在職場發光、發熱的A咖。

怎樣才能跟對人，怎樣才能做對事呢？或者我們應該這樣說：跟著什麼樣的人，做什麼樣的事，才是比較積極的作為。

在這之前，你要先瞭解彼此的狀況。

你上司的強項是什麼？而你自己的強項是什麼？

你上司的特質是什麼？而你面對這樣的特質你該怎麼自處？

首先你要先知道你跟的是什麼樣的主管。有了方向，那自然就可以有好的對策。

良禽擇良木而棲的道理大家都懂，但未必你的運氣能好到總是可以碰到良木。

更何況未經社會無情淬煉的自己，恐怕還稱不上為良禽。

世上沒有那麼多伯樂，與其不停尋找伯樂，還不如讓訓練自己可以在每種環境中都能發揮才能來得實際、有效益。與其大大想著如何改變世界，還不如多花心思想想如何改變自己去適應這個世界，如何去適應你上頭主管的工作風格。

西方管理學大師彼得‧杜拉克曾經提出過「向上管理」這個概念，其實，在今日職場除了要做下屬的領頭羊，以及做上司的左臂右膀之外，你更需要的是具有「對上管理」的能力。今時今日，這「向上管理」的概念，已然是作為一個中階職員必須學的基本功。

「向上管理」並不是叫你逢迎拍馬，處處迎合，這樣抱著上司大腿的方式並不叫「向上管理」，而且極有可能拍不著馬屁，反而被馬踢了一腳。

其實，不光是在現代職場上有這個概念，遠在中國歷史上便不乏這些善於「向上管理」的將相。而這些充滿智慧的將相，都有自己一套管理上

司的辦法。有的是用自己的機智取勝，比方說是白起、孫臏；有的是善於用溝通的方式，例如完璧歸趙的藺相如。他們都是瞭解其上頭主管的想法與期望後，善用自己的強項去完成任務的。

　　更有一些知名將相不但瞭解上司的心理，還更進一步地向上管理，像是劉邦的下屬諸葛亮，孫策的下屬周瑜，曹操父子的下屬賈詡。他們善用自己「向上管理」的技巧，巧妙地引導上司往他們期待的方向走去，讓上司不但不提防他們，還對他們信任有加。

　　就拿賈詡的例子來說吧，當曹操正在猶豫該由曹丕還是曹植來繼承自己位子的時候，他問了賈詡的意見。曹操說：「你覺得我是該選哪個孩子來繼承大統呢？」賈詡當下不回答，故意裝出一副正在思考的樣子。曹操見他不回答，便問：「我在問你話呢，你怎麼不回答呢？」賈詡這才一副恍然大悟的樣子說：「啊，對不起，我正在想事情呢，所以沒聽見你在問我話。」曹操便問：「你在想什麼，想得這樣出神？」賈詡這才緩緩地說：「我正在想袁紹與劉表父子之所以失敗的原因哪！」曹操一聽，便大笑說：「我知道我該讓誰來接我的位子了。」

　　賈詡並沒有說出他是支持曹丕的，因為他深知他的上司曹操的個性。他用袁紹與劉表作為例子，暗示他們的失敗正是因為對繼承人猶豫不決，廢長立幼導致內部矛盾，以失敗收場。賈詡這樣一說，曹操便懂了。用這樣的說辭，讓他的頂頭上司很容易就接受了他的意見。賈詡的內心是支持曹丕的，但是如果他直接說出他的想法或建議，以曹操的個性反倒會因此對他起了疑心。

　　曹操身邊的下屬很多都是足智多謀的，可是楊修、孔融就不諳這門「對上管理」的學問，所以下場多半是早早就被曹操處死。唯有賈詡，一直活到了七十歲，仍然能安然無事地待在曹操身邊，甚至到了曹丕的時代，還被封為太尉。

　　家樂福電信行銷經理江美瑩曾經在接受訪問時，用了個比喻「向上管理就是員工和老闆合力打贏一場球。」這就好比是在球賽中，剛進職場的新人往往將注意力放在自己的表現，看到球打過來，直覺反應就是把球丟回去，或是聽從老闆丟出的指令，心中只想到如何達標。然而懂得向上管理的人，會進一步思考老闆丟過來的球背後的邏輯，甚至優先順序，再做出最佳判斷與行動。

　　如果你不懂、也不會進行「向上管理」，很容易就會淪為「隨上司的腳步起舞」的人。接下來的內容筆者將教會你如何把指揮棒悄悄地拿過來，讓你的工作表現更容易被看見。

# 隨侍在後V.S.協助在側

我在職場很多年，見過基層新人一批一批進來，可是不時又有人遞上辭呈，另謀高就。有時他們的離職是因為生涯規劃，有時是因為工作與期待有落差。但是，根據人力銀行的調查，與上司不和，往往是離職原因的前幾名。

如果每次都要因為與上司理念不和這樣的理由求去，只怕真是應了老人家說的那句話：「一年得換二十四個老闆」。

你瞭解你的上司嗎？你曾想要讀懂你的主管嗎？你對主管的態度是逆來順受？是陽奉陰違？還是想辦法悄悄地引導他往你期待的方向走？

對上司的協助是一個下屬或是中階員工最主要的工作。而協助上司也是有分成兩種，一種是以主動出擊的方式協助在側，在主管還沒有開口前，你已經明白他的心思，主動建議解決問題的方案。而另外一種則是被動地跟隨著隨侍在後，只要上司一提出解決問題的方案，你便刻不容緩地去執行。前者具有「隱性」的主導權，後者是接受指令然後聽命行事。

雖然主動的協助在側可以讓你更有發揮的空間，也可以表現積極的一面，但是也不必片面地主觀認為隨侍在後就不會有表現的機會。因為有的上司需要的是一個問題的解決者或是可以把交派的工作百分之百完成的人，至於你用的是怎麼樣的方法，那就要看你遇上的是什麼樣類型的主管了。

所以，你要去了解上司需要的是你哪一方面的表現呢？那你就必須先

讀懂他、瞭解他，用他欣賞的方式來做事，這樣才能有更大的空間與舞台來發揮你的長才。

而你要用哪一種方式來把自己的工作做好，就看你的主管是需要什麼樣的人才。主管要什麼，你就給他最需要的，然後再想方設法地把你要的概念包裝進去，當成一個套裝行程讓他在毫不設防的狀況下一起收下。

艾咪是新到職的人事行政，剛工作沒幾週，她便發現老闆是個直覺型的人，對於「未來的藍圖」和「方案實行的可能性」比較關注、感興趣。所以只要她提出的建議報告或企劃書裡面有太多過去的資訊或數字，老闆就會草草看過，一付興趣缺缺的樣子，而她的企劃書也就被擱置在一旁了。在了解老闆的喜好後，艾咪就試著去調整自己的溝通模式，她先是對她寫的企畫書進行大改造，盡量簡化老闆不感興趣的現狀描述，將焦點放在老闆會想知道的市場前景和實現目標的行動方案……等。結果那次的企畫案一次就通過了。

所以，了解頂頭上司的想法、工作風格，讀懂主管的偏好，順應他的工作模式，不但可以讓自己工作起來事半功倍，上司也會從眾多員工中日益對你刮目相看，越加地看重你。

很多年前，國內著名的《天下》雜誌曾經做過有關管理上司的專題，文中曾說過：「管理上司，不在於巴結逢迎，而是如何在與上司共事的過程中，盡可能獲得最好的成果，為公司、上司與自己創造三贏局面。」

哈佛大學教授葛巴洛與科特，也在企業的經理人調查中發現向上管理的重要性，一個懂得追求效率的員工會努力與上司發展某種能夠符合彼此風格、需求與優缺點的互動關係與工作模式。知己知彼，正是他們能與上司相處，順利執行策略、完成任務的最大關鍵。所以沒有哪個方法是絕對最好的，只有最適合的。

# 投其所好不如創造其好

　　曾經在某篇文章上看到這樣一個投其所好的例子。

　　在美國費城，有一位名字叫做那佛的煤炭銷售員。許多年來，他一直想要將自家公司的煤炭賣到當地一家規模很大的連鎖商店。卻總是徒勞無功，不得其門而入。

　　某一天晚上，那佛恰巧去參加一位銷售專家的座談會，於是他向那位專家抱怨他對這家連鎖商店始終不同意銷售自家公司煤炭的種種不滿。

　　專家細細聆聽了他的苦水之後，給了他一個建議，教他使用另外的銷售策略。

　　為了協助那佛的銷售計畫，這位專家找了個機會，特地以「連鎖商店的普及對國家是否有害」辦了一個辯論會，邀請各家業者以及廠商等共同參加。參加者分為正反雙方進行辯論，並且指定那佛站在連鎖商店的那一方。

　　那佛知道題目後，便去拜訪這家連鎖商店的負責人，很坦率地對他說：「今天我來拜訪您，並不是要推銷我們公司的煤炭。而是想向您請教有關連鎖商店的知識，由於您在連鎖商店的經營十分成功，我希望能借助您的經驗在辯論會上取得辯論的勝利。」

　　那位負責人原本只打算給那佛十分鐘的時間，誰知道這一談下去卻是花了一小時四十七分鐘。

　　連鎖商店負責人不但和那佛聊了他經營連鎖商店的經歷，並且還詳細

地說了連鎖商店對國家商業的重要以及功能。席間，他還吩咐秘書給了一本他們公司曾經出版的相關的書送給那佛。最後，負責人又親自打電話給全美連鎖商店工會，請他們整理出一份與這議題相關的討論記錄給那佛。

拜訪結束時，負責人十分高興地送那佛走到門口，很意外地他還說：「我想向你進貨，你春季開始再來詳談。」

十分有趣的是，在整個訪談過程中，那佛完全沒有向他提到煤炭，但這位負責人卻主動開口要求購買煤炭。這麼多年來，那佛的公司用盡各種銷售戰術，完全沒有奏效。可是這次，那佛針對這位負責人所關心的議題也給予了同等的關心，就打開了銷售之路。

這就是「投其所好」的重要。

其實，一個上司所做的決定都有他的考量，當然也有他的盲點。在《韓非子》的一篇文章中也曾提到過，在上位者要任用人才時，常常會為兩個問題所苦惱。如果任用了有能力的人，那就要擔心這些有能力的人將來會威脅到自己。但是如果自己所任用的人當中素質良莠不齊的話，那就會影響到工作的順利進行。

若是上司讓下屬感覺到他想要的是具有某種才能的人，那麼下屬就會投其所好，積極地表現出很有某種才能的樣子，即使他並沒有那些才能。

這樣一來，上司就無法真的瞭解到下屬的實力在哪裡。

比方說，古時越王勾踐喜歡勇者，於是，當時國家就會冒出很多可以輕易捨棄性命以證明自己勇敢的人。又好比「楚王好細腰，宮中多瘦死」，楚靈王喜歡細腰美女，一時之間，國內為了減肥而餓死的女人比比皆是。

整體來說，這對整個職場潛規則而言是個常態。做為員工的都希望瞭解了上司的喜惡，然後把自己的缺點想辦法掩飾起來，迎合上司以獲得機

會。這就是投其所好，但是，萬一你無法發現上司的「所好」時呢？最好的方法莫過於「創造其好」。

你找得到你就找，你若找不到你就創造。

「創造其好」你就必須多花些心思去瞭解上司的性格以及特質，因為這樣表錯情的機會就會大大降低。你讀懂他的性格，就能朝他的路走，朝他的路走，就能創造吸引他的「喜好」。只要照著做，就可以讓自己受青睞的贏面變大一些。

# 與主管建立良好工作默契的潛規則

與上司交手、互動時，你必須要有一個健康的心態，那就是上司之所以居於你之上，可能是在經驗，或是才能上都暫時優於你。不要覺得一切都看不慣，一直抱著「他憑什麼居我之上？」的心態。在職場上有很多人的離開，是因為與上司不合拍，但是，有更多人也因為怎麼樣用上司的方式把工作做好而得到升遷。因此，好好讀懂你的上司，學會「對上管理」的訣竅，這樣一來不僅可以讓你在處理工作上得心應手，對企業組織也有正面的幫助。

有位職場專家說過，在工作時要把自己從「個體人」，提升為「團體人」。當你是「個體人」時，你可以以自我的喜惡為優先考慮，無須容忍。可是，當你把自己視為是「團體人」時，你就應該以整個大團體為考量的第一順位。

職場潛規則的存在不是你到公司之後才存在，它之所以存在其來有自。也許是因為企業的文化，也許是因為積非成是。姑且不去考慮他的存在是否正確，應該想的是在自己沒有辦法改變之前，要如何去學習與適應。以下筆者提供一些必修心法：

# 1. 不要總覺得自己懷才不遇，世上沒有那麼多屈原

很多人在職場都覺得自己是滿腹才華，遇不見伯樂的千里馬。要不然就是覺得自己是屈原，明主永遠都不知道在哪兒。這類情形，在現代的職場上也不是沒有，可是更多的情況是，那些當事人既不是千里馬也並非屈原。

古代的確有很多懷才不遇的例子，比方說漢朝的大將軍李廣，李廣馬上功夫赫赫有名，可惜不是生在楚漢相爭的時候，而漢初時朝廷對匈奴的態度是傾向求和，使得他有才能卻苦無用武之地。直到漢武帝時候朝廷終於改變態度大舉出兵，可是他又因為多次迷路而延誤軍機，始終沒有辦法大展長才、立下戰功封侯百里。

雖說是懷才，可是，機會來時又無法把握。

再看以下這個例子吧，三國時代著名的「擊鼓罵曹」的禰衡是最自以為懷才不遇的代表人物。在《三國演義》一書當中，禰衡得到舉薦去見曹操，他用來凸顯自己才能的方式，竟然是貶低別人。他把曹營當中的武將、謀士一個個批評得一無是處，一文不值。他很不以為然地對曹操說：「天地雖闊，何無一人。」當曹操得意地提及他幾十名有才能的下屬時，禰衡卻不屑地一個個品頭論足，不是說這個人只適合「弔喪問疾」，就是嘴裡唸唸有詞地說：「那個人只配去看守墳墓、放牛養馬。」反正講了一大堆，那些能人志士在他口中全都成了不能做大事的人。在他眼中，那些人也全都是「衣架、飯囊、酒桶、肉袋之徒」。

當他提及自己的時候，則自稱他自己是「天文地理，無一不通；三教九流，無所不曉」之人。這種自我感覺這麼良好，惹這麼多人討厭的人，他要如何贏得上司的欣賞，進而委託以重任？後來，禰衡罵曹操，曹操就把他遣送給劉表，禰衡對劉表也很輕慢，劉表又把他送去給江夏太守黃

祖，最後因為和黃祖言語衝突而被殺，時年二十六歲。這種狂傲的個性，自以為是的作風，自然沒有人願意任用。最後也為他帶來殺身之禍。

究竟是懷才不遇嗎？還是「無才可懷」有時恐怕是自己認為的懷「才」，竟然被人視為燙手山芋、毒蛇猛獸，避之猶恐不及。

職場的訊息瞬息萬變，的確是需要的各式各樣的專長。但是，當你懷著「才」，你除了需要機會之外，你更需要確定你的「才」是「真才」，同時也是上司需要的「才」，這才是關鍵。

面對上司對自己的工作能力不了解，或是否決自己的提案或是企劃時，先別急著認為自己就是懷才不遇，因為上司有時會出一些「不得已的謎語」或是「必要的謎語」來考驗、訓練你的職商智能。

會有這樣的謎語產生其實是和企業文化氛圍息息相關。特別是在一些大公司，人際關係比較複雜，各個單位之間的交流方式也暗藏著一些眉角。職場新人剛剛走出校園，往往對於在與主管溝通的過程中，面對上司常常出現的「點到為止」、「話裡有話」的情形，會覺得難以適應。

比如，上司對下屬說：「我不確定這是不是可行……」，其實潛在的意義可能是，他或許認為「這根本行不通」；當下屬向上司提問後，如果上司的回答是「我想你也許可以去先問問你們那團隊的人，他們可能會比較清楚……」，其實他可能就是在批評你「為什麼就你一個人不知道？你到底在做什麼？」

面對主管提出的問題或任務，一定要自己先分析主管說的話，不可生搬照用，或不加思索地去執行，因為他們給你的指示也許只是一個提示或是一個方向的而已，你需要去弄清楚主管真正想讓你做的事情或者真正的目的。同時他更需要一個有想法、有主見的員工而不是一台機器，希望你能夠在工作的過程中找到提高效益、降低成本、有效處理問題的方法。所以即使上司已經給了你確切的吩咐，你還是要積極去想一想有沒有更好的

方法或途徑。

　　Andy是一家藥材公司的倉庫主管，有一次老闆想要了解一批重要藥材的庫存情形，於是吩咐Andy去盤點一下庫存，把所有藥材的情況整理好送份報告上來。Andy平常和老闆的秘書聊天時得知，老闆很關注一批名貴藥材的情況，於是除了很細心地盤點了倉庫所有藥材的數量後，又特別去了解了老闆所關注的那批名貴藥材的情況，如市場上的銷售、供應商的存貨等，然後額外整理了一份資料交給老闆。老闆對Andy的表現非常滿意，對於Andy額外做的那份報告更是喜出望外，不久就將Andy調到自己身邊當特別助理。

　　故事中的Andy能夠立即想到老闆調查庫存的真正目的，並迅速做出動作，事實上，他做到了老闆心裡想要做的事情，自然就得到了老闆的賞識與信任。

## 2. 好的上司讓你成長，豬頭的上司讓你磨練

　　記得以前軍教片當道時，在一切以服從為出發點的軍中，有句大家朗朗上口的順口溜說：「合理的要求是訓練，不合理的要求是磨練。」其實這類型勉勵的話自古就有，像是說孟子說過：「生於憂患，死於安樂。」俗話也說過：「刀要石磨，人要事磨。」還有所謂「平靜的港口，訓練不出精悍的水手；安逸的環境，造就不出時代的偉大。」之類的諺語。

　　好的主管會用正確的方法引導你學習成長，如果真的遇到了很難纏的主管，其實，他也會逼迫你不得不成長。只不過遇上前者你的日子會好過些，但是後者的功效並不好。而且，前者可能會讓你和上司相處得如魚得水，上司成為你的良師益友，後者可能抱怨連連，甚至勢如水火。請看以下的例子吧——

在宋朝的陳希亮，十分好學，很早就取得功名，他和他的侄子陳庸、陳諭一起升上了進士第，當時人稱「陳家三俊」，名噪一時。但是，他這個人一絲不苟，執法嚴明，所以當時的王公貴人都對他頗為忌憚。《宋史》裡也曾經稱讚過這個人「為政嚴而不殘，不愧為清官良史」。

他其實還是蘇軾的上司，對於蘇軾十分嚴格。有一回，有官員稱呼蘇軾為「蘇賢良」，他十分生氣地說：「府判官，何賢良也？」也就是說這是份內的工作，哪裡來什麼賢良之說？立刻下令用刑杖責打。

陳希亮曾經說過：「我對待蘇洵就像自己的兒子一樣，蘇軾就像我的孫子，我之所以平日對他如此嚴厲，就是擔心他年紀輕輕，卻享有盛名，會驕矜自滿，內在涵養不足，這不是我願意看到的事情。」

蘇軾沒有因為這樣的格外嚴格而忿忿不平，他們兩個人，一個是嚴格的上司，一個是才華橫溢的下屬。上司並非因為私心而對他格外嚴格，下屬也沒有因為格外嚴格而滿心怨懟。

甚至，蘇軾曾經稱讚過自己的上司正直不阿：「平生不假人以色，自王公貴人，皆嚴憚之。見義勇發，不計禍福，必極其志而後已。」

也就是說，你看到了嚴格，但是嚴格的背後有時是更多的期待。就算不是期待，也可以把它當成是磨練。

我曾經聽過一個故事，有一個人很喜歡巴西的烏龜，因為牠有著美麗的龜殼，殼和頭尾都是翠綠色的，而且殼上有著深咖啡色的花紋，十分特別。牠的背高高地隆起，就好像是一個籃球的半圓，弧線優美光滑，一點也不像一般的烏龜那樣扁平。最奇特的是那烏龜的嘴很大，兩邊的線條翹起，彷彿一直在對你微笑。

有一天他決定從巴西帶一隻三十多公斤的巴西烏龜回家，於是就把烏龜放在貨櫃中，三個多月全程都要待在貨輪中，還要經過一堆檢驗的折騰，才能運送回台灣。而且貨櫃中的溫度十分高，也不能去餵食牠，只能

祈禱牠安安靜靜地在貨櫃中待著，不要有什麼狀況才好。

那個人心裡想著：三個月不吃不喝，在那麼惡劣的環境中，會不會死了呢？可是三個月過去，貨輪終於到了，巴西龜安然無恙地從貨櫃的木箱中出來。他見到他的巴西龜時，他開心地笑了。當下覺得生物求生的能力與意志真是讓人難以想像。

於是這隻巴西烏龜變成了這個人最心愛的寵物。直到有一天，這個人要外出旅行幾天，沒想到巴西龜卻死了。

他出門前貼心地放了幾大把熟透了的香蕉在巴西龜的身邊。他回家後發現巴西龜死時，身邊的香蕉少了一把。

很意外的，獸醫說巴西龜是撐死的。

一隻可以漂洋過海三個月不吃不喝的巴西龜卻在家裡頭不缺食物的狀況下死了。

可見，惡劣環境不足以懼怕，安逸的生活也不必歡喜。

遇見了一個脾氣好一點，相對容易相處的主管，可能可以讓你在學習與適應工作環境上輕鬆一點；可是如果遇上脾氣差的，心思又不好猜測的上司，也別氣餒，他也許正是你遇上的一個絕佳學習機會。其實主管也是人，只要做好向上管理，一樣能讓你在職場上順心如意。

## 3. 與其不斷換上司，還不如調整自己的心態

很多年輕的職場人都習慣不斷地跳槽，稍有不順，便拂袖而去。因為新一代的年輕人，常換工作已經成了家常便飯。滾石不生苔，這雖說是句老話，可是卻是再真切不過。每個環境都有值得學習的地方，曾經有人說過：「沒有不好的工作，只有不好的態度。」

十分知名的主廚阿基師曾在接受訪問時說過：「別人三年六個月可以出師，我卻足足等了八年！」在訪問的當下，他說出這句話，依稀還是可以感受到他當時的辛苦與心酸。

阿基師國中畢業就到廣州飯店當學徒的，因為他天生個頭小，又不懂得廣東話，在周圍都是廣東師傅的飯館當中，總是被分派去做一些雜務。當同齡的學徒早跟著師傅開始學做包子、點心時，他仍然還是只有洗碗、打掃的份。

個性不服輸的他，總是在做自己雜役工作的同時，一面留意著廚師的一舉一動，把一些主廚的動作、祕訣，悄悄地記在心裡。然後趁著空檔時，再依樣畫葫蘆，自己試一次。就這樣不斷摸索，不斷嘗試，在失敗中求得自己的「口味」。

阿基師擁有強烈的學習動機，他比起別人都勤奮，也比別人願意付出更多的努力。早期的廚藝界學徒制居多，也很少科班出身，大多是師傅傳承給徒弟，師傅或是徒弟的資質與品格更是良莠不齊。老一輩的師傅也不見得願意把自己所知所學，有系統地傳承廚藝給徒弟。那時，當同事或是其他主廚都利用下午空檔（一般是兩點到四點半左右）去玩樂、休息，或是偷個懶的時候，阿基師總是主動跟主廚爭取切肉、切菜等習藝的機會。

名廚阿基師沒有在遇到刁難的上司或惡劣的環境時，就掉頭就走。反而是蹲得更低，學得更勤，才讓他得到今天的成功。當你看到他今天的成功時，不妨靜下心來問問自己，是否可以和他一樣做到這樣的堅持？

還有一點也很重要，就是「弱化自我意識」。

在一個企業中，重要的不是把自己放大，而是「弱化自我意識」。因為這樣你才可以學習融入企業中。

裕隆集團執行長嚴凱泰某次受邀到交大演講時，以「逐夢、築夢」為

題，與交大師生分享經驗。談起當年接下裕隆集團，被恥笑「敗家嚴」，到今天自創品牌的艱辛過程。他告訴年輕人，跌跤也是一種學習，但不要天天想換工作，「因為滾石不生苔」。

他在演講中提到，年輕人在剛踏出社會時會有很多選擇，都可以去嘗試看看，但試過兩、三件事情後，「就必須Stay Do！」。像他有一些絕頂聰明的朋友，就是因為不斷換工作，以致於至今一事無成。這樣的人很多，尤其以年輕人更是常見。

嚴凱泰強調，他並不是要年輕人一開始就選定工作，但不要對每個工作都不滿意，天天喊「我要換工作」，「時光稍縱即逝，你可以Try，你可以Fight」，但不要天天不斷的選擇，「這很可怕」。

現代的職場年輕人，「選擇」太多，又常常有不斷「選擇」的迷思。幾年下來，你會發現你依舊是新人。而隨著年紀漸長，你如果還想當「新人」，那就是只能是無法被重用的「新人」。

不要對一切都看不順眼，覺得上司很遜，公司很遜，同事很遜……，然後毫不考慮地就轉身離去。這樣老是動不動就把自己的一切學習歸零，那要到哪一天才可以真正學到功夫？

好好的學習耐下性子，積極面對你的上司，用心去瞭解他的人格特質，因為這就像醫生治病一樣，如果不知道是患了什麼病症，如何對症下藥呢？

## 4. 用對的方法學會和你的上司相處愉快

每個人都有自己處理事情的方式，如果不懂得應變，那只會一條路子走到黑。有人說這就是順著驢兒的毛摸，可是倒不如把它想成是用對的方式去與人相處。

　　每個人都有應對他的方法，要找到對的方法，就要先瞭解他的性格。與主管相處時要站在主管的立場思考，通常主管需要考量的層面較廣，需要思考的事項也較多。平常時可以多和主管接觸，一方面近距離觀察主管的言行與思考模式讓自己學到更多經驗與增廣見聞，一方面讓主管有機會了解你的個性、特質與想法，避免產生誤會引發衝突。

　　請看以下這個例子。

　　關羽率軍與曹操交戰失利，曹操把關羽困在一座山上。曹操十分愛惜關羽這個人才，希望他可以投降而不是死守相戰。可是，該怎麼去勸他投降呢？用正規的方法是絕對行不通的，因為關羽早已決心以死相拚，說什麼都不願意投降。

　　於是，曹操的得力助手名將張遼出面了，他前去對關羽說：「你若是戰死了，那你就犯下了三個過錯。你和劉備是桃園結義的兄弟，發過誓要同生死的，如今劉備才剛剛戰敗你就死了，日後若是劉備要東山再起，就得不到你的幫助，你不是有負當年的誓約嗎？這是你的第一個罪過。第二個罪過，劉備把家眷全託付你了，你若現在就戰死，他們馬上就無依無靠了，你怎麼對得起你的兄弟？第三條罪過，你武藝高超，又兼通經史，不盡力協助劉備匡扶漢室，只想顧全自己的匹夫之勇，根本算不上是個忠義之士。」

　　關羽聽了之後，面露猶豫之色。張遼見機不可失，繼續打鐵趁熱地說：「依我建議，眼前不如你先下山去，大丈夫能屈能伸，只要忠心不變則可。下山後再去打聽劉備的下落，這樣，你既不負劉備所托，又能協助他成就大業、統一天下。希望關羽將軍三思。」

　　張遼這一席話，實在十分高招。他深知關羽熟讀春秋，向來以仁義自期，因此如果用一些「良禽則木而棲」、「識時務者為俊傑」這類的話來勸他，不但毫無效果，反而更會堅定他的必死之心。唯有用他在意的點，

以忠義為出發，讓關羽明白權宜的重要才有可能說服關羽。

由上面的例子，你可以知道溝通是要有方法的，千萬不能一招走天下。日本知名的人才開發顧問門脇龍一就曾經在他的書中建議過用三個小技巧讓主管願意聽你說話：

第一：說話時記得面帶微笑。

第二：讓主管「看見」你聽懂了。

第三：記下重點，再次確認。

你的上司是什麼特質？順著他的個性去做到讓他滿意，最基本要做到的是說話有根據，另外還能把訊息化繁為簡，讓自己說出來的話更有說服力。千萬不要在還沒有做好觀察的功課之前，就立刻出手。否則，你吃閉門羹的機會就會居多，這麼一來，工作怎麼還會有樂趣呢？

## 5. 學會欣賞每一種上司的優點

每個上司之所以能成為你的上司，一定有他可取之處。很多人都會對自己的頂頭上司諸多抱怨，開口閉口就是：「我的上司真的很瞎，很豬頭……」。換個角度來說，如果他真的很瞎、很豬頭，那不也正是給了你更多表現的機會？但是如果他沒有你想得那麼瞎、那麼豬頭，或許你就要反過來深思很瞎的人是不是自己？很豬頭的人是不是自己？

拿破崙曾經說過一句話：「印象統治著世界。」也就是說我們常常會有先入為主的觀念。對一個人印象良好，即使他做了錯誤的事，我們都容易替他找藉口開脫。而相對地，一個我們對他印象極差的人，即便他做了什麼正確的事，我們都很難認同。

哲學家亞里斯多德說過：「每滴水裡都藏著一個太陽。」這句話也就是說每個人都有它的優點，也都有值得你欣賞的地方。認同上司的重要

性，也認同他身為你上司值得你學習的長處，進而表達了你對他由衷的讚美，就能夠贏得回報。

人是相對的，如果你的上司在你的印象裡是呈現負面的，相信你在他心中也不會正面到哪兒去。但是，如果你對他的優點學會欣賞，那麼他也極有可能對你惺惺相惜。

有個因為真心去欣賞對方優點的例子，是跟文學有關的。

在一八五二年秋天，俄國的文學家屠格涅夫在斯帕斯科耶打獵時，無意中撿到了一本皺巴巴的「現代人」雜誌。他拾起來之後，順手翻了幾頁，竟然被其中一篇叫做「童年」的小說深深吸引了。這篇「童年」的作者名不見經傳，不過是一位初出茅蘆的新人。

但屠格涅夫十分欣賞他的文筆，他到處打聽這位作者的住處，最後得知他的居所便親自前去拜訪。

這位作者自小父母雙亡，是由姑母扶養長大，並且才剛剛畢業就從軍去了。幾經波折，屠格涅夫找到了作者的姑母，親自上門去對她表達對作者的肯定與欣賞。

作者的姑母寫信告訴在軍中的姪兒這個好消息：「你的第一篇小說在瓦列里引起了很大的轟動呢，就連有名的屠格涅夫也稱讚你。他說，你如果能夠繼續寫作，前途將不可限量。」

作者收到姑母的信之後，欣喜若狂。他寫這篇小說原本是因為軍旅的生活十分苦悶，藉以抒發心中的感受，根本不敢有成為作家的妄想，沒有想到竟然能得到作家屠格涅夫的欣賞，啟發了他對寫作的熱愛。

於是，他便開始寫作生涯，最後成為享譽世界的文學家與思想家，他就是寫過世界名著「戰爭與和平」、「安娜‧卡列尼娜」的作者托爾斯泰。

「欣賞對方」這件事可以說是魔力無限。學會「欣賞對方」的人讓自

己快樂，而被欣賞的也會十分愉悅。

很多職場人都表示自己無法真正欣賞上司，因為他們認為大多數的上司只會一天到晚找麻煩。也就是說，大多數的上班族最不喜歡的不是同事，不是下屬，往往是自己的主管。其實，因為彼此立場上的不同，或是對在公司扮演的角色不同的關係，主管的一言一行，並非全都是你認同的、滿意的，有時甚至有時還會是你詬病的、厭惡的。但是，上司畢竟是你的上司，如果你一味地只是選擇逃避或是忍耐，甚至因而產生對立，這樣的結果多數是會製造更多的衝突與矛盾。

何不換個角度與心情，用欣賞的眼光去看上司，努力在上司身上尋找出優點，這樣上司在你眼中的印象也會跟著好起來。比如你眼中的上司是塊「頑石」，你如果繞個圈兒，改由側面欣賞，說不定你會覺得上司像一座山一樣耐看；如果在你眼中，你一直認為上司是個沒有作為的「紙老虎」，那麼你再思考一下，「紙老虎」要是換成胡作非為的真老虎，那麼你可能會更加痛苦吧？

學會欣賞你的上司，會使你工作起來愉快些，因為你不再覺得和上司的相處是一種壓力，不再有山雨欲來的感受。學會欣賞上司，另一方面會讓你對他有好的印象，一旦有了好的印象，即便工作上有些摩擦，你自然也很容易就會去包容他。

## 6. 不要輕易逾越上司與下屬的界線，即使你們再熟都不要越俎代庖

在職場上隨意跨越過上司與下屬的那條無形的線，自以為可以與對方熟不拘禮，然後在很多事情上，自己自作主張替上司做出決定，這種狀況，我想用「越俎代庖」這個形容詞是再恰當不過了。

越俎代庖，其實在《莊子逍遙遊篇》說「庖人雖不治庖，尸祝不越樽俎而代之矣。」中被開始飲用。庖人，是指負責宰殺三牲（牛羊豬）和料理酒席的廚子；尸祝，則是掌管祭祀禮儀和對鬼神祝禱的司祭者。在古代，每逢祭祀典禮時，庖人的工作就先要把三牲調理好，而尸祝的工作則是要負責把祭器擺好，兩者各司其職。

等到祭祀開始，主事官把酒斟在尸祝準備好的樽中，再把庖人殺好的牛羊豬放在俎上，這才能夠開始整個祭祀的儀式。如果庖人不治庖，尸祝也不應該超越自己的職務範圍去替代庖人的工作。

後來凡超越本人的職務範圍而去管別人的工作，就叫「越俎代庖」。一般同事，都不應該逾越自己的份際，更何況是替上司決定？

此外，雖然相處可以輕鬆，但是工作一定要嚴肅。

在職場上，其實上司最青睞的並不是那些能力過人，技高一籌的下屬，鋒芒太露有時只會讓他們覺得刺眼。反而是對那些看似平凡卻能圓滿達成每個他交代的任務，有一定辦事能力，而又不至於才智過人常常搶了他的風頭，這樣的人才能被主管所看重、重視為自己人。

藏匿鋒芒，做個平凡的下屬，不讓你的上司覺得自己不如你，讓他真的覺得你的優秀也是源於他的栽培，這樣的你，在職場上反而會獲得更多發展空間與機會。

永遠記住上司才是決策者，即使你們之間熟不拘禮，他對你再怎麼信任有加，也都不可以越俎代庖，這是職場人忌。因為這樣的行為，是嚴重地無視於上司的意見。即便你的意見和他的本意是相同的，可是這樣也會讓他覺得尊嚴受到挑戰。

美國的羅賓森教授曾說過一段很有啟示的話：「人有時會很自然地改正自己的想法，但是如果有人當眾指正他錯了，他會惱怒，然後更加固執己見。甚至會全心去維護自己的想法，這並非是因為那想法本身多麼珍

貴，而是他的自尊心受到了威脅。」這番話提醒著我們人人都有自尊心，人人都有維護自己尊嚴的本能，因此，作為下屬的你，即使要向上司提議也要顧及並維護上司的尊嚴。

要提出建議尚且如此，更何況是去替上司做決定？

戴爾·卡內基曾經說過：「如果你僅僅是提出建議，而讓他自己去得出結論，讓他覺得這個想法是他自己的，這樣豈不是更聰明嗎？」也有很多例子可以證實，大家對於自己所得出的結論，往往深信不疑。而對於別人替自己所做出的結論，即便是正確地，也是半信半疑。因此作為一名聰明的下屬，要想使自己的想法轉換成上司的想法，提出建議、提供資料，其中所隱藏的結論，最好留給上司自己去考量。

## 7. 你的工作是幫主管解決問題，而不是製造問題

沒有一個主管會喜歡麻煩製造者，因此你除了學習如何與主管相處，在人際關係的溝通上，也盡量不要給主管製造麻煩。

在那些大型的企業裡，部門與部門之間常常上演溝通矛盾的戲碼。每個部門有每個部門的難處，每個部門也有每個部門的意見，每個部門更有每個部門的立場。

而下屬在執行上司的決策時，除了上對下的溝通，常常更為難的是平行的溝通，有時是對於同一團隊的同事，有時是對不同部門的同事的溝通。因此，在企業中保持良好的人際關係會是很重要的一環。

如果今天你的上司請你執行一個決策，可能需要你去聯繫公關部門、財務部門，甚至人資部門，而你才一出辦公室就得罪了這個，或是與某個人說話老是不對盤，這樣弄得雞飛狗跳，就算你的能力再好，上司也會十分頭痛。

在工作上，「人和」也是相當重要的一環，這同時考驗你的溝通能力。如果你的人和不佳，恐怕會讓上司跟在後面替你收拾殘局、賠不是，也可能為團隊製造出更多的阻礙。

因此，在做事時，一定要多想到「我們」，不要只想到「我」；多想想「團隊」，而少想到「個人」。做事的出發點要以雙贏，甚至多贏為出發點，否則目標是達成了，卻惹來一堆民怨，上司恐怕也會對你的表現大打折扣。

在職場中，上司需要的是你能把他交給你的問題解決，而不是解決了交代的任務，卻產生了更多問題出來。而避免替上司製造問題最重要的關鍵是「人和」與「溝通」。這不只是關係著你與同儕之間的互動，也關係著上司對你的協調能力的評估。

很多主管也對「習慣挑戰主管權威」的下屬感到麻煩。在很多場合，即便你是自認站在「理」字上，也應該要懂得如何不製造衝突。主管在很多時候已經很努力要顧全大家的意見了，在面對下屬習慣性地用「挑戰權威」來證明他自己的能力時，更會覺得十分麻煩。你要時時試著站在對方立場想，如果你身為一個主管，可是在溝通的過程中，常常要面對想要「以理服你」的下屬，你累是不累？

還有習慣「衝過頭」的下屬，也是上司最感麻煩的。很多案子永遠一馬當先，這樣並非不好，只是，身為一個上司，考慮的是公司整體的利益，整體的方向，面對你單向的勇往直前，上司就必須常常施力拉緊繮繩，自然久了也會覺得十分困擾。

這些都只是替上司或主管製造問題的冰山一角，其實，很多上司或主管除了把工作做好之外，更希望的可能是「多一事不如少一事」。如果你總是「少一事不如多一事」地替他找麻煩，恐怕你的魷魚很快就炒熟了。

# 8. 一定要尊重你的上司，學會站在對方立場替對方想

「同理心」在職場上十分重要，學會理解上司的立場更是一個必學的課題。

「為什麼這個又要我做，別人明明閒著……」、「這又不是我的錯，根本是團隊不夠配合……」、「這個案子有這麼急嗎？幹嘛又要加班？」……這類型的抱怨言語恐怕在每個辦公室天天都得聽上一遭。

你是不是常常會耳聞同事抱怨上司的決定，或是對上司推行的方案有所微詞。

但是如果你有「同理心」，你便會明白有許多事情是難以周全的，不是每件事情都可以絕對地雙贏。

上司所做決策就是在方案中不斷地做取捨。所有的決策，有時就只能順了姑情失嫂意，只能依照著大方向、大原則，做出決定。

既然說是「取捨」，那麼有「取」，當然也就有「捨」，在職場上是真的沒有刀切豆腐兩面光的事。上司只能從現實狀況來衡量，得失之間的比較，依據數據資料的顯示，歷史資料的參考來做出利益最高、損失最小的決定。然後，確定這樣的決策是對企業有利的。

案子交由你做，恐怕是因為上司覺得你最能勝任；上司責備你的錯誤其實是希望你下次更小心；案子需要加班可能是希望早點做準備會有更充裕的時間來做修改。這些，你都明白嗎？你都曾想過嗎？

取捨之間，被「取」的自然歡喜，但被「捨」的也該有同理心。

其實，只要你能站在對方的立場去著想，也就是站到對方的高度去思考問題。這樣不但對上司是一種尊重，也能練習提高自己的思考高度。

如果你只是站在你的角度去看事情，那是一種很狹隘的，你的眼界和視角也不會有所成長。在職場上我們要學著一次又一次地提升自己的高

度，其實，試著在看事情時從主管的角度看出去，也許也會有不同的風景，這樣，你會有更寬廣的視野。

　　學會應對各類型上司在職場上給你的挫折和考驗，這是在累積你處理事情的經驗。在與你的頂頭上司交手的過程中，免不了上司會給你一些難題或壓力，但是請把這些挫折當成是在累積你的經驗。此刻每次的挫折，都會使你更瞭解你的上司。只要你用心，這也是一種讓你更瞭解他的方式。只有知己知彼，才能彼此磨合，培養出你們之間的相處模式與工作默契。這些挫折都是你一路欣賞的風光，上坡時總是氣喘吁吁，但是這些努力將來都是你的戰功。等到達目的地後，你會回頭看見這些標記讓你成長的痕跡，也是你往上跳升的本錢。

　　其實，與各類型的主管相處愉快，這不但是職場上的眉角，也是處世為人的道理。不論你能力再強，如果不能與主管建立良好的工作默契，不僅工作事務無法順利進展，甚至可能讓你丟了飯碗！職場也就是人生的縮影，你能在職場得心應手，學到的也就是做人的道理。

# 上司永遠是對的嗎？

在職場權責的架構中，上司與下屬存有微妙關係，雙方除了涉及經濟利益、權力分配、職權劃分等層面外，平日的互動模式、合作方法也經常成為職場探討話題，而身為部屬，當你認為上司下達的命令欠缺考量時，應該默不作聲地確實執行，還是該出言提醒，指出命令的缺失呢？

不可諱言的，上司下達命令時，任何命令的執行都必須從部屬的「服從命令」開始，正如同軍人必須服從統帥的指揮一樣，大從一個國家、軍隊，小到一個企業、部門，服從命令的觀念能否被完美地貫徹，將會決定最後的勝敗成果。

在下屬和上司的關係中，下屬服從上司的指令，不僅是上下級推動工作、保持正常工作關係的前提，也是融洽相處的一種工作默契，與此同時，這也是上司觀察、評價部屬的一個尺度，這意味著一名稱職的員工必須認知到一件事：服從上司命令是身為部屬的第一要義。

面對工作時，很多員工認為不應該盲目服從上司的命令，他們認為上司的命令如果是正確的、合理的，部屬就該服從，那些錯誤的、難以認同的命令就該拒絕服從。這樣的觀點乍看之下不無道理，然而，「對的命令就服從，不對的命令就不服從」的觀念，無異於宣告你比上司更具判斷力，但你使用的判斷標準其實是你個人的標準，而不是上司的標準，反過來說，如果以你的標準為準，也就等於承認你的判斷力比上司好，所以，上司的判斷不算數，要以你的判斷為準，只是現實中的職場規則卻不是如

此運行。

當上司交付了工作任務，部屬的第一反應就是服從，並且在第一時間內按照指令去行動，當然上司的決策也有錯誤的時候，可是作為一名部屬，你也應遵照執行，你既不能事先加以肯定或指責，也不可以事後抱怨，或是輕視上司的決定，因為上司在進行決策時，任何一個命令都有他必須面對的職務考量與相關責任，而部屬未必能從上司的職位角度同步思考；換言之，當你對上司的決策有所質疑時，通常你很難斷言上司的決策是對是錯，尤其在工作成果尚未顯現之前，你認為不正確的決定、不能理解和接受的命令，並不一定是錯誤的，往往它需要經過實踐、檢驗之後才會日漸明確。

當然了，你可以大膽地告訴上司你的想法，並且讓上司明白你儘管會執行他的命令，但你也一直都在思考怎樣做才能把事情做得更好，最重要的是，無論你在公司的職位有多高，只要你身為公司的員工，都要謹記一點：你是扮演協助上司完成經營管理決策的角色，而不是制定決策的人！因此當上司的決定不盡如你意，甚至與你的意見完全相反，而你的建議又無效時，你應該把自己的意見放在一旁，全心全力地執行上司的決定，倘若在執行過程中，你發現這項決定的確是錯誤的，就要設法讓錯誤決定造成的損失降到最低限度，這才是一個稱職員工執行任務時應有的工作態度。

## 學會靈活變通的「執行藝術」

面對多變的外部環境，身為部屬要學會靈活變通的執行藝術。當上司下達某項讓你存疑的指令時，如果你自認才華出眾、工作能力一流，正確的方法不是忽視上司的指令，也不是陽奉陰違，而是認真執行上司交辦的

任務，一旦執行過程中發生錯誤，就要妥善地彌補上司的決策失誤，有時在服從中顯示你不凡的才智，反而讓你能獲得優於他人的職場評價。

美國辛辛那提大學（University of Cincinnati）的古納教授在教授秘書學時，曾經講過一個經典案例。某一天，有位公司主管突然收到一封非常無禮的信，發信人是一位生意往來相當密切的代理商，主管怒氣沖沖地把女秘書叫到自己的辦公室，向她口述了這樣的一封回信：「我沒有想到會收到你這樣的來信，儘管我們之間存在著生意關係，但是按照慣例，我仍要將此事公佈於眾。」隨後，主管命令秘書立即將信列印寄出。對於主管下達這樣的命令，秘書現在有四種選擇：

## 1. 照辦法

秘書不管三七二十一，只要回答：「是，遵命。」然後回到自己的座位上，立即把信寄出。

## 2. 建議法

秘書考量到如果將信寄出，對公司、對主管都非常不利，既然自己身為主管的助手，就有責任提醒上司此舉不妥，而為了公司的利益，哪怕會得罪主管，她也該提出建言。於是，她對主管說：「主管，這封信不能發，我建議您還是消消氣，把信撕了算了。」

## 3. 批評法

秘書不僅沒有照辦，反而主動向主管提出忠告：「主管，請您冷靜地想一想，回一封這樣的信，後果會怎樣呢？在這件事情上，難道我們就沒有值得反省的地方嗎？」

## 4. 緩衝法

秘書服從了主管的指令，把信打好列印出來，但直到當天快下班時，她將列印出來的信遞給已經心平氣和的主管，同時詢問：「經理，請問我可以把信寄出去了嗎？」

如果是你這位女秘書，你會選擇哪一種處理方案？喬治・古納教授分析這四種方案的利弊，最後選擇了緩衝法。

他認為第一種照辦法，儘管對於主管的命令確實是忠實地執行，身為秘書也需要這樣的工作態度，但是僅僅忠實照辦，仍然可能會有失職的風險。

第二種建議法是從公司整體利益出發，但是對於秘書來說，過程中的自我犧牲精神雖然難能可貴，可是這樣的行為又超越了秘書應有職權；值得一提的是，照辦法、建議法這兩種執行方式雖不足道，但畢竟還是讓事情有商量的餘地。

至於第三種批評法，顯然是秘書干預主管的最後決定，這是一種越權行為。

而第四種緩衝法，在秘書的職責範圍內巧妙地影響了主管的決策，既無越權之嫌，又能收到良好的效果，所以是最好的辦法。

你是否從上述案例中汲取到實用的工作啟發？也許是：

— 上司說什麼就做什麼、只會聽命令行事的部屬，並不能算是一個稱職的部屬。

— 就算基於幫助上司的立場，只要超越職權範圍的事情，都是不可取的。

— 對上司發揮影響力，又不逾越職場倫理，才是適宜的作法。

在以上的案例中，喬治・古納教授排除了建議法，因為它有越權之嫌，不過在其他場合，下級向上級提出建議或忠告，也是執行上司指令的重要途徑與正確之舉，然而，最終成效如何則取決於你的行事方式，意即你是否在正確的時間、地點，以正確的方式做正確的事情。

為此，你向上司提出建言的時候，應該注意以下三點：

1. 要在上司心平氣和、心情好的時候提出，在前文的例子中，即使建議法不越權，盛怒的主管恐怕也難以接受。

2. 要多利用非正式場合，少利用正式場合；多利用非工作角色身份，少利用工作角色；儘量兩人私下交談，原則是別公開提出意見。

3. 要以變通的方式提出，多從正面角度闡述自己的觀點，而不要從反面角度否定、批駁上司的觀點，或採用迂迴變通的暗示方式。

總結來說，當你不認同上司的決策與命令時，試著站在上司的立場換位思考，並且依據實際情況，聰明地提出建議，假使建議無效，就應以靈活變通的思路執行命令，確保任務的順利完成，如果過程中上司的決策明顯造成了工作錯誤，你應盡可能將損害降到最低。

# 如何讓上司看見你的職場價值？

　　不要以為默默做事就能被上司看見，重點是要讓你的上司看見你在公司努力的成績。平日除了要追求最佳的工作成果，你也要懂得適度的自我宣傳，擺脫「職場存在感薄弱」的窘境。

## 成為上司眼中工作積極的部屬

　　對於很多剛剛步入職場的社會新鮮人來說，最深刻的工作感觸，莫過於自己所做的工作既平淡無奇，又瑣碎繁多，反觀那些工作資歷比自己久遠的員工，如果當中有很多人是每日悠閒度過辦公時間，自己免不了要心生不平，甚至開始不思進取，對工作敷衍了事，但正如有一位成功的企業家曾說：「看一個人以後的成就有多高，不是看他出身如何、從事什麼工作，而是看他以何種心態面對周遭環境。」職場競爭中，最大的敵人往往是自己，與其將精力用來抱怨與不平，不如善用時間提升自己，積蓄發展力量，早日讓自己脫穎而出。

　　一般情況下，某些職位有許多人都能夠勝任，當大家都具有勝任這份工作的基本能力時，最終誰能把工作做得更好，就要看誰具有腳踏實地、苦於鑽研的積極態度。

　　假如某位主管有兩位秘書，一位是當主管一離開辦公室，就開始偷懶消磨時間，另一位是利用時間做好各項工作安排，以便主管回來後能順利

工作，可想而知的，後者將會受到上司的器重，繼而能有獲得升遷的機會。所謂「態度決定一切」，你是否能在做好一份工作的基礎上，獲得更進一步的發展，完全取決於你對待工作的態度。

對於管理階層來說，能夠主動協助上司完成工作任務、做事積極進取的員工，往往是值得託付重責大任的對象，而在面對工作時，如果你能試著以上司的立場思考事情，就會從寬廣的角度來衡量工作，遇到問題時也就能設法解決，從而把工作執行得更圓滿、更出色。

只是在眾多的競爭者中，你該如何具體表現才能成為上司心目中工作積極的員工呢？

## 1. 找機會做出更多的工作貢獻

千萬不要以為上司每天都是輕鬆度日，實際上，他們時時刻刻都必須保持清醒，才能思考各種工作決策，有時一天工作十幾個小時是常有的事，所以你除了做好自己分內的工作以外，也應儘量找機會為上司做出更多的貢獻，即使你的付出暫時得不到回報，只要能適時彰顯自己的重要性，增加自己的工作價值，將能讓上司發現你具備了積極進取的工作態度。

## 2. 主動思考解決問題的方法

任何一項工作任務都存在著改進的空間，對於必須處理大小工作問題的上司來說，能夠主動幫忙解決問題的員工，才能真正減輕他們的精神負擔和工作壓力，因此當上司遇到某些工作難題，需要有人分憂解勞時，不妨選擇合適的時機與場合，將你思考到的解決方案提供給上司，這樣不僅是協助上司處理工作事務，也能讓你有所展現，繼而逐漸獲得上司的信賴與倚重。

## 3. 不要滿足自己的成就

許多上司的成功都是一步步累積得來的，任何一個有進取心的稱職上司都不會滿足於現狀，這意味著你必須跟緊上司的腳步，時刻提醒自己：不要滿足於自己既有的工作成就！若想讓自己站在別人無法企及的位置上，你就必須不斷提升自己的工作技能，把握任何能累積工作經驗的機會，唯有如此，成功才會垂青於你。

### 讓上司看見你的職場價值

作為一名員工，如果你想迅速獲得晉升機會，就要試著去做一些同事們不願做的工作，然後努力完成它，只要完成這些工作，你很容易就能超越那些資歷比你久的同事，因為沒有一個上司會討厭做事積極、主動進取、善盡協助之責的部屬。如果一名部屬做事總是精益求精，不需要上司時刻監督，上司自然會注意到他，時機成熟時，就會把他提拔到重要的工作位置。

換言之，上司總是會隨時觀察部屬們的表現，所以你必須把經驗、學識、智慧和創造力發揮得淋漓盡致，為自己的發展創造條件，締造令人讚賞的工作成果。

值得一提的是，快速獲得上司青睞的方式，除了踏實工作、努力提升工作技能之外，適時向上司展現自己的才能、爭取機會證明自己的職場價值也是一門重要功課，只要方式運用得當，你就能成為上司心中的優秀員工。想要獲得上司的關愛，你可以參考以下四大要點：

## 1. 勇於接受新任務

當上司提出一項計畫或工作時，你可以毛遂自薦，請他讓你試一試，

當然在此之前，你必須正確評估自己的能力，假使自我檢視、自我分析過後，工作任務的難度可能超乎你實際能力所能掌握的範圍時，最好能靜待下一次的時機，以免反被上司認為你自不量力，與此同時，你也應補強自己較為薄弱的工作技能，以便早日提升自己的工作能力。

## 2. 適度的自我宣傳

當你完成較為瑣碎的工作時，你不必四處宣揚工作成績，而應給人一個平實的印象，但當你有機會承擔比較重要的工作任務，並且順利完成時，不妨適度地、技巧性地讓他人知道你的表現，以便增加你在公司內部的能見度。有時適度的自我宣傳，可以有效吸引上司或老闆對你的注意。

## 3. 不要過度謙虛

儘管謙虛是一種美德，但有時在職場上過度謙虛，反而會讓你吃虧，甚至顯得矯情虛偽，當然了，高調宣揚自己的功績也是不明智的做法，有時這容易給人驕傲自大的觀感，最妥當的方式就是適度自我展現。例如，當你帶領其他同事完成一項艱巨的任務而向上司回報時，你必須適度地讓上司知道你扮演了何種關鍵性的角色，千萬不要以為謙虛不居功便能以美德取勝，因為你自己不說，別人也未必會提及，結果只是讓上司不知道你到底做了些什麼。

## 4. 不斷創新

有時想讓上司發現你是一個對工作十分投入的員工，你就必須嘗試以不同的方法增加工作效率，這能讓上司對你印象深刻，並且對你的工作能力具有信心，而無論在什麼時候，盡可能保持最佳的工作狀態，追求更好的工作方式，上司才會願意試著把重要的任務交付給你。

　　身處職場，每個人都希望功成名就，當所有人都在為自己的前途努力時，你唯有要求自己做事積極進取，才能獲得較大的發展空間，而想要攀上事業頂峰，更需要漫長時間的努力和精心的規劃，因此無論是對工作品質的精益求精，或是自我提升工作技能，都應該盡自己最大的努力不斷學習、鑽研，尤其面對工作時，當你能接受別人不能面對的挑戰與歷練，展現自身強大的價值，才能逐漸讓自己成為上司心中不可替代的那個人，這樣的你才擁有更上一層樓、不斷提升的工作資歷，與此同時，距離你的成功期望值才會越來越近。

# 如何讓主管不能沒有你？

　　職場沒有永遠的紅人，只有不斷自我成長的人才！唯有勤於學習，及時升級能力與知識，才能避免職場價值貶值，確保你擁有競爭優勢！

　　其實無論從事什麼行業，你都應該期許自己成為職業領域內的「專家」，只要善於從日常工作中汲取知識與經驗，不斷地挖掘出自己的潛力，並且透過有計畫性的自我學習，提高自身的知識與工作技能，你也可以創造出傲人輝煌的工作成就，快速增值自己的職場價值！

## 透過不斷學習，讓自己的職場價值持續增值

　　依據美國職業專家指出，現在的職業半衰期越來越短，二十五歲以下的職場人士，職業更新週期平均是一年四個月，而資歷較久的高薪者如果留守在工作崗位上卻停止學習，不出五年時間也會變成低薪者。這絕不是危言聳聽，或是想像中的職場恐慌現象，事實上，就業市場的競爭加遽，往往是能力貶值、知識折舊的重要原因。

　　舉例來說，假設在十個人之中，只有A君一個人擁有電腦文書初級證照，顯然A君就比其他人具有就業優勢，但當十個人之中，有九個人都擁有電腦文書初級證照，那麼A君原有的就業優勢便不復存在。

　　身處知識經濟時代，擁有更豐富的知識、更專精的能力，才能拓展出廣闊無垠的職場發展空間，也才能讓我們實現更高程度的發展；反過來

說，當知識越窄化，我們的職場發展空間越小，工作能力與工作表現相對也就越低，最後就容易滿足於現狀。

在風雲變幻的職場中，思維活躍、能力超強的新人，以及經驗豐富的業內資深人士，將會不斷湧入你所在的行業或公司，因此每天都有幾百萬人與你一同競爭，而你唯有透過不斷地學習，努力讓自己的職場價值持續增值，才有可能保有自己的競爭優勢，同時抓住加薪升職的機遇。

職場之中沒有永遠的紅人，即使你目前在主管或老闆的眼中是優秀人才，但是只要沒有主動升級自己的「知識庫」，也會很快地流失自己原有的競爭優勢因為「不進則退」，甚至成為被淘汰出局的對象。

現在企業十分歡迎學習意願高、工作態度進取的員工，甚至以打造學習型組織為管理目標，而一名員工能否主動增進相關的工作知識、提升工作能力，也就成為企業評定員工是否適任的一個考量。這意味著在職場環境不斷快速轉變的同時，如果你沒有定期為自己充電、積極提升自我能力，隨著新人、業內人士的爭相競逐，你將很容易面臨到職場價值貶值、發展空間壓縮的窘境，特別是當工作職位的取代性質較高時，你很容易就輕易被取代了。

對於公司的老闆或主管來說，固然鼓勵員工或部屬努力成長是好事一樁，然而最重要的仍是員工的學習意願，你必須保有強烈的學習精神，才能汲取到所需的專業知識，一旦你所具備的相關知識越是豐富，你的不可取代性也就越高！未來的職場競爭將不再只是知識與專業技能的競爭，更是學習能力的競爭，如果你能善於學習，追求自我成長，你的職場前途必然會是一片坦途。

## 掌握適用於職場的學習方法

有一句古諺說：「你的船要是有了破洞，就花點時間補好它。」在工作中，當你發現自己需要學習某些工作技能、汲取某些工作新知時，就應立即著手，不要為自己找尋拖延的藉口，否則就會像是一艘有破洞的船，因為某一處的技能缺陷抵消了許多長處，反而失去許多可以成功的機會。當然了，工作上的學習有別於校園學習，我們多半要克服工作時間等因素的侷限，才能完全心無旁騖地投入學習，以下提供了三種適用於職場的學習方法，供讀者參考。

### 1. 在工作中學習

從自身的工作中學習，無疑是所有職場人士的第一課堂。想在今日競爭激烈的商業環境中勝出，你必須學習從工作中吸取經驗，獲取有助於你提升能力的資訊；許多時候，當你在工作中能不斷虛心學習，通常就能避免因為自滿、安於現狀而停滯成長，而將自身工作視為學習的殿堂，積極汲取相關的知識與技能，往往也能讓你的「知識庫」成為有價值的職業寶庫！

不論是在職業生涯的哪個階段，學習的腳步都不能稍有停歇，所以你應隨時自我要求，千萬別讓自己的知識與技能落在他人的後頭。

### 2. 爭取培訓的機會

現今有很多公司都建立了完備的員工培訓體系，培訓的相關投資一般是從公司的人力資源開發成本中提撥，而培訓內容多數是與工作緊密相關，因此爭取成為公司的培訓對象是十分重要的事情。為此，你應瞭解公司的培訓計畫，例如週期、人員數量、時間的長短，還要瞭解公司的培訓

對象有什麼條件，是注重資歷還是潛力？是關注現在還是關注將來？如果你覺得自己完全符合條件，就應該主動按照程序提出申請，表達渴望學習、積極進取的想法，不必擔心被打回票，一來大多數主管對於員工主動提出學習的要求會表示歡迎，二來就算暫時爭取失敗，你也能夠得知還要補強哪些條件才能符合培訓資格，而且無論是否爭取成功，你都將留給主管一個勤奮進取的好印象。

## 3. 注意自修，補搶先機

假使你的公司沒有建立員工培訓體系，或是你需要其他相關的知識技能培訓課程，你不妨自行規劃學習課程，無論是參加在職進修班，或是自費學習與工作密切相關的科目，都是不錯的選擇，甚至你還可以考慮某些職場需求度高、自己感興趣的科目，這類培訓就像是「知識技能補品」，在往後的職場中將會增加你的競爭優勢。

所有優秀的職場人士都是從工作中不斷積累經驗、不斷學習而逐步成功，隨著知識、技能的折舊越來越快，始終保持學習的幹勁，你將因持續增強的工作能力，逐日成為主管眼中不可替代的重要員工。

第二章

# 「說話只表三分意」型的上司，
# 請善用「巧問妙答」來應對

Managing Up !

How to Get Ahead with Any Type of Boss.

## OFFICE STORY

　　一家很具規模的企業，因在大陸的工廠設立了分工廠，因此大舉招募高級幹部。當時，前來面試的人十分踴躍，企業預計先進行一輪筆試後初試，初試後再複試。

　　其中有個來面試的女孩子，剛從大學畢業，也和大多數人一樣，一關過一關，運氣不錯的她，倒也是關關難過關關過。

　　到了複試當日，大家先抽取了號碼牌，等待叫號後依序進入，由高層主管親自面試。

　　輪到她的時候，她整整儀容，從容不迫地起身走進面試官的辦公室。

　　當她恭敬地遞上自己的履歷表時，沒料到面試的主管卻只是草草地翻了一下僅僅只有兩頁的履歷表，表情似乎流露出一點點的遲疑。

　　「妳的履歷表就只有兩頁？履歷精簡的確很好，但是我們也想多瞭解妳的各項經歷。不過，話說回來，有時過於冗長，閱讀起來倒也無法吸引面試官的目光，畢竟我們也不想花個把小時來閱讀應試者的生平傳記。」上司輕描淡寫地說了一句，聽起來看似是輕鬆的開場白。

　　女孩一時之間不明白這位面試官的意思。

　　到底是覺得自己的履歷只有兩頁，感覺很不詳盡？還是自己的履歷言簡意賅，很受賞識，深得他的心？

　　僅猶豫幾秒，她立即決定把自己過去在學校的經歷改以口頭報告，包括參加過的社團，還有在大學四年打工的經驗，以及在其他企業的實習都一一道來。因為過於鉅細靡遺，所以花費了不少時間，面試官聽到一半便略略表現不耐煩的神色。

　　等到她把想講的都講完了，上司打量了她一下，只是淡淡地

說：「妳畢業的並非什麼名校啊，爭取工作的人一多，到底名校畢業的還是吃香點兒。不過，工作上主要還是以能力取勝。」

女孩又不明白了，到底面試官是指自己不是名校畢業，所以較不具競爭力？還是名校畢業與否不重要，只要有能力即可？

她壓根也沒想過面試官會問這樣的問題，再加上她缺乏社會經驗，被這樣一問她也慌了，也不知道該如何回答。

因此，這回她選擇了沈默。

理所當然地，她並沒有得到這個工作機會。

## 發現問題了嗎？

在這個例子當中，你明白面試官話裡的意思嗎？你是聽懂了表面？還是聽明白了更深一層的含義？

這位面試者在這短短的面試中犯了兩個錯誤。

首先，當面試官提到了她的履歷表太過「精簡」時，其實，他想傳達給女孩子的訊息是：很多人花心思寫了履歷表，可是卻不得要領，寫得像老太婆的裹腳布又臭又長。但是，他也覺得女孩子的履歷太過簡單了，不足以讓他瞭解她。

所以，當下以口頭簡略報告是必須的。但是，要記得不要報告得像是回憶錄般詳細地在敘述自己的人生故事。

因此，女孩子的第一個錯誤是，講得太細節了。那跟一份冗長的個人傳記似的履歷表又有何異？

再來，當面試官提及名校畢業的話題，其實，面試官想知道應試者是否能有與名校畢業的競試者一樣具備能力，甚至更甚於名校畢業的競試者。這時，女孩子就不宜保持沈默，應該很有自信心地說明自己的專長與實力，並且表明自己雖非名校畢業，但樂於學習。

所以，她犯下的第二個錯誤是她沒有自信滿滿地去展現和說明自己的能力及學習的意願。

對於這類型上司的弦外之音，你聽懂了嗎？

# 「說話只表三分意」上司停看聽

在職場上，有些主管在交付任務的時候，都只是簡單地丟了幾句話，或是說幾個空洞的遠景，其他的全要靠你自行想像，自己去揣測、聯想。同時，他還會不時用一種「你應該都懂，不用我再多說吧！」的眼光看著你。

如果你的社會歷練不夠，悟性也還沒練就出來，那麼你能不能猜中上司的心思，就只能看你當天的運氣了！如果正巧你當天很走運，遇到上司心情好，他還肯多說上個兩句，提點你一點兒，多給你一些暗示，那麼你可能就會比較容易猜中上司的心意。

如果運氣也還不算差的時候呢，上司交付的任務或是企劃，給的指示多少也還有點方向，有個模糊的藍圖，你還可以當成猜燈謎來進行，那麼出錯的機率也會下降一些。

最慘的狀況是——有時上司幾句「金玉良言」和列出來的目標是你連看都看不到的「高飛球」，那麼要猜中上司的心意，恐怕真的是緣木求魚了。

這類型上司在交給你任務或是企劃案的同時，所有的最高指導原則全都脫不了的一個主旨就是——「有功無賞，打破要賠」。

換句話說，也就是猜對了，做對了，就是上司的決策是正確的。如果是稍有差池，那便是你連上司說的話都聽不懂，執行力有問題！

至於你想請他明示一些實施細節，比方說——工作細節是什麼呢？方

向是什麼？配合單位是哪個？企劃目標怎麼定呢？宣傳策略與實際方式是如何呢？企劃進行的流程要怎麼安排呢？人力分配要如何編制呢？經費預算是多少呢？……等等相關問題，那你恐怕要失望了！

通常這類型的上司會請你一切完全自理，他總是說話只表三分意，話到嘴邊留了七分在心中。

記得前幾年我在一家中小企業工作時，當時公司要舉辦春酒，公司的主辦單位在開會時把企劃書呈了上去，列出多家餐廳來選擇，價格的比較，節目的安排……等等細項，還特意去徵詢上司的意見。

上司翻了翻企劃書，並且認真地聽取主辦人員的簡報，結果也只是簡單地說：「喔，我知道了。」

「那請問，今年我們要選在哪家餐廳辦春酒晚會呢？」主辦單位事先請示上司。

「春酒啊，是犒賞員工一年的辛苦，也是大家難得的聚餐，因此絕對不能馬馬虎虎的，但是也不可以過於鋪張，不然花費過大會超出預算。選一家價格合理，菜色不失禮的吧。」

上司給了原則，不過……重點是要哪一家呢？

「那是不是也要發邀請卡給廠商和客戶來與我們一起同樂呢？」

「廠商是我們的好夥伴，客戶是我們的衣食父母。」

上司給了定義，可是……卻沒明說要不要請呢？

「那大概要辦多少錢一桌的呢？」

「菜色很重要，不要太寒酸的，可別讓人以為公司小氣。不過現在時機這麼不景氣，恐怕能上得了枱面的菜色價格也不便宜吧？！」

上司作了評論，但是……結論是要訂多少錢一桌的呢？還是沒有說。

後來，主辦單位自行幾經斟酌，辦了價格較低的春酒宴，因為上司指示「經濟不景氣」，怕訂了價位太高的菜色，上司會不高興超出預算太

多。

同時也發了邀請卡給客戶和廠商，因為上司說了「廠商是我們的好夥伴，客戶是我們的衣食父母。」既然是夥伴和衣食父母，春酒宴怎麼能不叫上他們一起同樂呢？

哪裡知道，到了春酒那一天，上司一整晚板著一張臉，連敬酒都是鐵青著臉。

隔天立刻開會責備了主辦單位。

「這家餐廳的菜色這麼差，廠商和客戶心裡一定想這公司怎麼請這麼寒酸，真是大失面子。前幾天我到其他的廠商吃春酒，一端上來的冷盤就是鮑魚、龍蝦，你看看你們訂的是什麼菜色？！連客人有沒有吃飽都不知道。我不是千交代萬交代一定不能失禮嗎？如果你們辦得怎麼差，幹嘛還要請廠商客戶呢？不知道的人還以為我們對員工如此刻薄，春酒這麼陽春，以後廠商和客戶茶餘飯後聊起來，豈不是成了人家的笑柄？」上司怒火全開，大家面面相覷，真的不知道是哪裡沒有遵照「聖旨」。

主辦人員的每個決定都沒有錯，字字句句都是上司說過的話；但是上司的原則 「只在此山中，雲深不知處」那麼地曖昧不明，主辦人員又怎麼知道什麼才是他心裡頭「真正的意思」？

如果你真的能光憑那幾句話就弄懂上司的決策，那你就好比是慈禧太后身旁的李蓮英了。那慈禧只消說上幾句話：「這事兒你就處理處理吧，別叫哀家心煩。」李蓮英立刻就明白太后所想，並且辦得妥妥貼貼。假使你是這樣的人才，那先恭喜你了，你可以改走政治路線，因為你絕對有當政客的天份。

然而，如果你不懂，請千萬不要氣餒，因為其實大部分的人都是和你一樣的。

一般而言，這類型的上司又可以細分為兩種——

一種是真的心裡沒有定見，端看你怎麼處理再見招拆招。而另外一種則是雖然嘴巴上什麼都不說，可是心裡頭早就有一番意見，不外是處處想考考你，看看你的表現如何罷了。

前者，在現在的職場上，處處可見，比比皆是。而屬於後者的上司也不少，聯想集團主席柳傳志就曾經說過，選擇人才時有兩個標準，第一看有沒有上進心，第二就是看「悟性」強不強。

在古代，像後者這種心裡早有定見的上司最著名的例子是曹操和楊修。

有一次，楊修蓋了個新的相國府，曹操前去視察。看完之後，只讓人在門口寫個「活」字。曹操（上司）話也不說明白，來了個啞謎，楊家的人上上下下也不明究竟。可是這聰明的楊修（下屬），立刻叫人把門改窄了。因為呢，他猜中了上司的心意，門內一個「活」字，無非就是嫌他把相國府的門建得太寬闊了！

能猜中上司的心思一定是好事嗎？上司怎麼想還是主要關鍵。楊修最後因為太聰明，所以才會被好猜忌的曹操所殺害了。

與其費盡心思去猜，還不如把鋒芒和聰明藏在心中，讓自己學會如何靈活應對比較實際吧。

也就是說，主管有他的張良計，你也有你的過牆梯，這樣你在職場上做起事來會更能得心應手！

總而言之，要在這種「說話只表三分意」的主管底下做事，你必須先練就一身好功夫，要能在那個看似「空洞無物」的場面辭令當中，找出「進可攻，退可守」的應對方式。只要你能把應對的原則掌握好，就可以讓自己遠離箭靶。縱然不能立刻成為上司的「解語花」，求個全身而退也是絕對沒有問題的。

## 你的主管是這樣子的嗎？

首先，你要先仔細觀察你的主管，看看他是不是屬於這類型的上司，才能對症下藥。「說話只表三分意」型的上司基本上有以下幾種特徵：

# 1. 言語中理論過多，提出決策太少

他們的話語當中十句中有八句會出現那種過於表面、太多官方的說法，或是過於空泛的字眼。通常這些冠冕堂皇的詞彙只會出現在我們以前寫報告、論文時所做的總結之中。比方說：「工作一定要做到位，這樣才能提高效率！」、「工作效率的提升，將會幫助我們成為一流的團隊！」或是「所有員工都應該避免資源浪費，以達到節流的目標」……諸如此類。

這些道理大家都懂，可是這類型的上司卻不說出魔鬼是躲在細節的哪裡，只是說「有魔鬼，大家要抓鬼」。他的言語中充滿著人人都知道的大道理，卻沒有告訴你他的決策是什麼，也不指出他認為的解決方法是什麼，或是根本不告訴你他看到的問題在哪裡。

他不告訴你要如何做，工作才會做到位；他不會告訴你要用什麼方法才能提高效率；他更不會提到資源要如何避免浪費。他說的全部都是理論，但是「HOW TO DO」，卻沒有提出來。

一切，就像是棉花糖，看起來一大坨，吃到嘴裡什麼也沒有！

# 2. 言語中「可上可下，可左可右」，一切全憑自由心證

這類型的上司絕對不會出言堅決否定某個決策，或是某個方案。當然也不會立刻舉雙手全力支持某個議題或是企劃。開會時，你若不細心推敲，你還會不小心以為你是參加座談會而不是公司會議。

他的每一句話都會表現得盡量不損及其他同事的觀點，但是也並不會立刻表示贊同與支持；他會減少對其他同事的貶抑，但言語也不會有過多的讚美。

一切，就像是政客在發表演說，既不站在哪一邊，可是也不會排除各種可能。保留了極大的空間，讓每個提出議案的人，都會覺得自己的案子才是上司心中的最愛。

到底上司心中真有「最愛」？還是其實上司只是「博愛」？

這讓我想起很久以前看過的一個故事。

從前在某山裡的村莊裡住著一戶姓黃的老人家，這黃老頭很迷信，非常相信風水之說。他十分忌諱自己屋子的左右兩戶鄰居是姓陳的。因為「陳」和沈重的「沈」同音，因而常常對別人抱怨：「我家左鄰也姓陳，右舍也姓陳，我家如何禁得起這兩頭「沈重」地壓著？難怪家運都這麼不順。」所以，總是想盡辦法對這兩戶人家找碴，想藉故逼人家搬走。可是，這兩家陳姓人家怎麼會理會這種無理取鬧？因此三戶人家總是爭吵不斷。直到最後，這黃老頭心想，既然逼不走他們，為了自己的家運著想，那也只好自認倒霉自己搬家算了。

這時候有大智慧的村長來到黃老頭家，對著他說：「黃老先生，要是我是你我可就說什麼也不搬家。」

「為什麼？你不怕兩戶姓陳的左右夾擊，沈沈重重地壓著你喘不過氣來嗎？」

「『陳』和『臣』同音，兩邊都是臣子，而你又姓黃，那不就是兩邊的臣子伴在皇帝的兩側？還有什麼比這個更好的風水呢？你且放寬心，度量大些，福氣自然來。」

被村長這麼一點醒，黃老頭一掃愁苦，歡天喜地地繼續住下去了。

兩旁住著姓陳的人家是既定的事實，要朝哪個方向解釋，就看你的智慧。

就以上這個故事來說吧，這種類型主管說話的模式，就好比只是告訴你「黃老頭左右兩旁住著姓陳的人家呢！處理一下吧！」那要將事情辦成是「兩旁沈重壓著」所以黃老頭搬家，還是「左右兩旁有臣子伴著皇帝」然後黃老頭繼續住下來？這些都是自由心證了，由你自己判斷。

能辦到了主管心裡想的，那叫做處理得宜；辦不到上司心裡頭的意思，那就叫處理不當。不論上司心裡頭是哪種想法，重要的是你要怎麼解釋演繹才能正中他的下懷，端看你的智慧與悟性。

## 3. 喜歡以口頭指導原則取代文件批示

當你把你的企劃案或是資料給上司時，通常他看完之後，他喜歡用口頭表示他的想法。為什麼呢？因為這樣有「前進有步，後退有路」的彈性。

一切都模糊而廣泛，做對或做錯，全看你的慧根！

其實你也不用難過，因為你的上司不是第一個這樣做的人。這種做法是這類型上司的傳統，最早起源於清朝。

有一次故宮博物館展出清朝奏摺，我發現了一件很有趣的事。奏摺，是清朝高級官員向皇帝報告或是請示事務的一種文書，起源於大家都知道的康熙皇帝。到了在歷史上以嚴苛著名的雍正皇帝，它擴大了使用範圍，

也就是只要有官員有事情要請示都可以上摺子，但是皇帝批示完畢，發還本人看過之後，一律全都要再繳回宮中，不可以自己私下抄一份起來存放，也不能自己私藏以便日後和主子對質。也就是說這份奏章只有天知、地知、你知、皇帝知。他日若是皇帝來個矢口否認，你豈不是只能死無對證地吞個啞吧虧？

這就好比你拿著擬好的企劃案或是資料，前去請示上司意見。上司笑而不語地把資料檔案夾收起來，或是看過了你的mail後，不直接在電腦上回覆，而是把你請進去辦公室「討論」。一切口頭上給你指示，沒有書面文字。這時如果你做對了，是你聽懂了他的意思；若是做錯了，就是你沒聽懂。若要追究「誰對？誰錯？」時，你的證據何在？不過又是個老祖宗時代就留下來的「傳統啞吧虧」。

所以，不必擔憂，這類型的上司不過是承襲古法，你身在如今的科技時代，上有政策，你豈會沒有對策？

## 4. 你做對了，是他的決策正確；你做錯了，是你搞錯他的意思

這類型的上司並不會認為自己是在推卸責任，而是你根本就「誤解」、「曲解」他的本意。

有次小張的公司要印刷一個塑膠包裝袋，上司指定由小張負責。印刷前因為塑膠袋無法打樣，只能在電腦上看設計稿。因此小張再三和印刷廠確認顏色，又因為印刷數量頗大，所以小張更是仔細拿著設計的圖案一一和上司確認。至於顏色問題，印刷廠很清楚地告訴小張電腦上的圖色和實物上是會有色差的，所以最好還是參考專業色卡。

於是，小張拿著專業色卡去請示上司要什麼樣的顏色。

「用比較討喜的PINK！」

當小張選定了幾個顏色，拿著專業色卡去問他的上司這樣的顏色可以嗎？

得到的答案是：「要用SALMON PINK。」

「那請問是怎樣的顏色呢？淺一點兒，或是深一點兒的？您要不要從色卡裡面去挑？」小張為了怕弄錯，於是再問清楚一些。

「就是色彩看起來有點兒嫩，很春天的SALMON PINK！這樣說得夠清楚了吧！」上司隨手把色卡一推，有點兒不耐煩了。

SALMON PINK？！鮭魚的粉紅也有各種色階吧！

等到最後袋子印出來時，上司十分不滿意地把袋子丟到小張桌上說：「我不是說過要SALMON PINK嗎？這個哪裡是SALMON PINK？我都說了那麼多次，你怎麼還弄不清楚？怎麼這個PINK印得這麼深？SALMON PINK，你到底懂不懂啊？至少要比這個顏色淺兩個色階啊！這麼深怎麼襯托商品呢？」

小張只好默默認錯，因為他真的不知道上司要的鮭魚，是煎得很熟的鮭魚？還是半熟的？還是水煮的鮭魚色？

這類型的上司，說好聽是給了你很大的發揮空間，往深一點兒想，也就是同時也給了你很大的責難空間。端看你如何解讀了。

**應對眉角** 這樣和他打交道

當你仔細觀察了你的上司，確認你的上司就是這個「說話只表三分意」的類型時，那麼你接下來該做的，就是準備好與上司互動的對策。

這時候有幾個應對方法，如下所列：

## 1. 先認同再找對策

不要忘記先認同上司的目標是極具建設性的，即使遠到你都不知道看不看得到。然後，再巧妙地應對，努力達成雙方都滿意的共識。

事實上，只要你一旦心中有了「上司怎麼講話都講一半？什麼也不說清楚？這叫人家怎麼做事？」的想法，那麼你心裡就會不自覺產生「你沒說清楚，我做錯也是應該。」的心態。甚至，如果你心裡的第一個感覺是「老天，這企劃案真是超瞎的。」你可能連想費點兒心力去試試或挑戰都沒興趣！

也就是說，當你內心萌起了質疑之心，那便無盡全力之意。甚至連言語當中都會不自覺地透露著你根本無心在這個任務上。這些，不要以為只有你自己知道，其實，即便上司再怎麼遲鈍，也都會感覺得到的，你的一言一行都被他看在眼裡！

在三十六計當中有一招「裝痴不顛」，倒是可以在這裡拿出來用用。這句話的原文是：「寧偽作不知不為，不偽作假知而妄為。」也就是，寧願假裝不懂而不去做，也不要不懂裝懂地輕舉妄動，進而做出對自己不利的事。重點在「偽」，是裝傻，而不是叫你真傻。這種舉動，就包含了大智若愚的含義了。

清朝有位詩賦名家周宛雲，因為名氣響亮，所以前來求教或是請他指點的人絡繹不絕。剛開始時，他都很認真、很誠懇地直言不諱，對於缺點都仔細批評，十分盡責。很多人興沖沖地來，結果都被毫無保留地批評得體無完膚，個個垂頭喪氣而去。漸漸地，外面的人就開始流傳著：「周某自以為是」或是「周某恃才而驕」，更甚至有人說他「目中無人」。

他十分苦惱，認為自己不過是本著讀書人的耿直，何以招這麼多負面的評價？直到有朋友對他說：「其實你既不用把那些腐朽之作說成絕世佳作，但也沒必要去招人怨忿。不如就說句：『真不容易』，不就得了？」

後來有個滿頭白髮的老頭子，用驢子馱了一百多卷又酸又澀的詩來求教。周宛雲只是很親切地問著：「老人家您寫詩多久了？」

「四十多年了呢！」

「啊，四十多年寫了一百多卷詩，真是不容易啊！」

於是，老人家很開心地回去了。

又有一次，有個富家公子拿了一首狗屁不通的詩來求教，周宛雲也只是笑笑地說：「這麼小的年歲就通曉詩文，真是不容易啊！」

富家子弟十分高興，以金銀相贈，歡喜地回去了。

還有一次，一位生員拿了一首很普通的詩來請他過目，同樣地，周宛雲也還是淡淡地說：「先生已經有了功名，還好學不倦，虛懷若谷，真是不容易。」

慢慢地，周宛雲的名聲便傳了出去，名噪一時。甚至當時流傳一句話：「此生不進翰林院，但願一識周宛雲。」

一定要先學會「認同」上司交付的任務，因為你的工作不是來教訓上司的，也不是來感化上司的，而是來把事情順利達成。工作中一定會有困難，如何天時、地利、人和都顧全地完成，便是你在公司的存在價值。千萬不要因為不懂裝懂做錯了事，也不要因為心存質疑而心生怠慢。有時候

「裝痴不顛」也未嘗不是個大智若愚的好方法。

然而在「認同」之後呢？接著就是要「找出對策」。就好比上述的例子，如果這是發生在你身上，你可以說：「是好作品啊。」接著說：「不過有幾處是不是稍微調整一下，會更能合乎你的文風……」這個就是對策。

但是，在找出對策時，請務必小心，因為這個對策必須是很謹慎的，否則一個不小心，對方要不是認為你是在雞蛋裡面挑骨頭，便會認為你根本是在找碴。

## 2. 以「誘導式」的方法，讓上司將工作細項逐一確定

上頭的聖意是很難揣測，千萬不要白以為自己能解讀上司心意。如果一味地點頭如搗蒜，百分之百你會踩到地雷，最後只會冤死在那永遠達不到的目標下。不如以「誘導式」的方法，讓上司在不知不覺中在你的引導下把工作細項逐一決定，幫你點盞燈、指好路。

記得之前很火紅的宮廷劇「步步驚心」中有一幕，年邁的康熙意味深長地對著女主角若曦說了一句話：「將來你能否做到忘掉失去的，珍惜擁有的？」等到女主角退下，回到自己的房舍時，便不斷地自問：「皇上這麼說，是想遂了我的心願？還是不想遂了我的心願？」不過是一句簡單的人生道理，便要惹得這般來回揣測。在戲裡還有另外有一幕，當康熙第一次廢太子時，當時大家不斷揣測，康熙會立誰當太子？當時朝中有位頗得聲望的大臣前去求見那時還是四王爺的雍正，卻遭到了四爺的推拒不見。和四爺同聲同氣的十三爺便問：「四哥為什麼不見？他可是深知朝中大臣的意見。」四爺不疾不徐地說：「他縱然能猜遍大家的心意，然而不能猜中皇阿瑪的心意便是無用。」

在古代，聖意很難揣測，因此作為臣子的一向都誠惶誠恐。在現代呢，即便物換星移，上司的心思不也是一樣不容易揣測？既然難揣測，就別先忙著揣測，不如先想想怎麼應對吧！

當上司交付一個工作下來，指示依然是一如往常地含糊籠統時，你要積極地以「誘導」的方式去進行確認後，再著手實施。比方說，你可以先提出一個依照工作內容所訂定的企劃案。但是，有個重點是，這份企劃案中有「隱藏」著若干必須勾選的選項。重點在於，這一定要以「暗藏」的方式進行，不是明目張膽地以那種問卷式的表格提出。這就是「誘導式的確認」。

千萬不要在報告企劃案之後，在接收到上司那種模棱兩可的答案──「知道了。」、「好的，交給你去處理。」這類回覆，便冒冒然地著手去做。

比方說，這個工作任務的預算是多少？你可以列出三個較為合理的數字為基準預算，並且把這三個預算分別能達到的效果明明白白列出，十萬有十萬可以做到的效果，五十萬有五十萬可以達到的程度，而一百萬有一百萬能夠看到的成效。全部清清楚楚地寫出來，字眼中不要過度修飾，因為這不是作文課。然後，在開會時一一詳細報告。報告完之後，留下批示欄位，將企劃案留給上司批示。

如果上司當時回答還是一貫性地含糊，那就要開始以誘導式地反問：「那您的意思是五十萬預算這個方案比其他兩項更具可行性嗎？」然後當下立刻在企劃案上標示：「經請示，以五十萬預算執行。」並押上日期。

等到所有的細節，特別是產品規格、人員配置、經費預算……這些重大項目都敲定時，切莫偷一時之懶，一定要重新整理一份最終版本的企劃案，再交給上司查存。

一切的重點在於不著痕跡，這個應對方法的關鍵在「誘導」這兩個字。

# 3. 要會問題，要問得巧，問得妙

對於上司交代的任務與工作，如有對細節不明白的地方，你當然可以發問，也應該要發問。著名學者也說了：「讀書貴在好問，一問不得，不妨再問。」本來要將工作做到位，就應該要問個清楚，把根刨出來。

可是，你在職場上面對這一類型的主管，一定要問得巧，問得妙，每一個問題都要問到你最想知道的。這就好比花錢一樣，錢要花在刀口上，精打細算，而不是當街撒錢。

因此，要避免去問一些基本常識，這樣會讓上司誤以為你連這麼入門款的問題都不懂。也不要問一些沒有意義的問題，這樣即便上司回答了，也不過是浪費時間，對你的工作毫無幫助。更不要問一些去查一查就知道的事，現在資訊很發達，不要讓上司以為你連有電腦這種東西都不知道運用。

這就好比我們常常看到電視上的記者，一面追著淚流不止的受害者家屬，一面拿著麥克風問：「你的親人無緣無故遭人殺害了，你們會不會很傷心？」

這個問題問的真是奇怪也很多餘，難道被害人家屬會因為家中有人遇害而很開心？這種問題也許在偏好營造效果的新聞中問問還過得去，但是若要在職場保住飯碗，就請少問為妙。

為了要有效率地發問，你最好把整個工作的流程，先在心裡仔細沙盤推演一番，整理出什麼才是必要的問題，然後再適時提出執行上的問題。

切記提出的問題一定要精準，不可太過繁雜。

多年前看過一個有趣的小故事，是提到有關美國華盛頓ＤＣ的傑佛遜紀念堂前的石頭地板腐蝕的小故事，十分發人深省。

紀念堂的管理人員發現堂前的石頭地板腐蝕得特別厲害，更換石板不

但要一筆大的花費，而且造成的不便也常常讓遊客抱怨四起。如果是一般人可能就是抱著「該更換就是要更換了」或是「遊客多，難免就是容易壞」的思維，哪裡還要再深入想為什麼。可是，紀念堂的維護管理人員卻試著去找出原因，想瞭解堂前的石頭地板為什麼這麼容易腐蝕？一追究起來，原來是因為清潔人員過度清潔造成的。

為什麼清潔人員會過度清潔？因為這裡常有大量的鴿子飛來，累積了過多的糞便。

為什麼會有那麼多的鴿子飛過來？因為這邊有很多的蜘蛛可以供牠們覓食。

為什麼這邊有這麼多蜘蛛出沒？因為這兒有很多飛蛾在這裡，所以把蜘蛛給吸引過來。

為什麼飛蛾又會被吸引過來？答案就是紀念堂在黃昏時所打上的燈光！

找出了原因，於是管理人員在黃昏時延後了開啟燈光的時間，因此飛蛾不來了；飛蛾不來了，蜘蛛也不來了；蜘蛛不來了，鴿子也少了；鴿子少了，糞便也少了；糞便少了，也就減少清洗石頭的次數；清洗的次數少了，地板就不會腐蝕得這麼快！

這就是連環扣，但是你在工作上是否也會如此層層追溯，打破沙鍋問到底？

當上司把工作或任務交給你，你必須先在心中沙盤推演，剝絲抽繭，縮小問題的範圍。最後在針對最核心、最重要、最關鍵的問題來提問。這樣就可以免去問一大堆毫無意義的問題。

不妨把這想成是益智問答題，三次答錯就出局，而不是兩個小時的人物專題訪問。那麼你為了不出局，你會不會慎重地提問？

在接到上司交付的任務時，先把整個工作流程列出來，把所有問題也

一併寫出來。等到整個問題都寫清楚列完全了，再用一些「刪去法」，把一些答案顯而易見的問題或是自己有辦法解決的問題先行刪去。那麼，那些真的無法刪去的問題便是必須要請示上司的問題。

例如，上司交代你去開發某個新客戶，你可以先在心裡把整個過程仔仔細細地想一次。

這個新客戶的主要承辦人員是誰？這是你要做的基本功課，就不必發問。

這個客戶的需求是什麼？這也是你要瞭解的課題，也請不必發問。

這個客戶對於服務很要求，這個問題是你要去克服的，所以也不必問。

但是，這個客戶可以接受的目標價格低於你目前的權限，這個問題你就必須問清楚是否可行，不可自作主張。

先用「刪去法」，把不必問的問題或是自己可以找到答案的問題先行刪去，留下必須問的問題。這樣，你就能把問題問得最精準、最扼要，做的最合上司心意。

## 4. 上司需要的是使命必達，不是要你扯他後腿

千萬不要挑戰上司交付任務的可行性，即便那是湯姆‧克魯斯來也做不到的「不可能的任務」。上司交付的任務，有時可能是真的不太能相信，但是也有可能是你的經驗或歷練不夠，因此先別急著高舉否定牌。

更切忌一開口便是「這個哪有可能？」或是「拜託，這不如去登天好了，專門找一些做不到的事來叫人做。」如果是真的不可為，你務必要用婉轉迂迴的方式來點醒他執行方面的困難。

請看以下這個傳奇的例子，是以前著名的戴爾‧卡內基說過的。

　　十九世紀末美西戰爭時，美國方面必須立刻和西班牙的反抗軍首領加西亞取得聯繫。可是，大家只知道加西亞在古巴的叢林內，卻沒有人知道確切地點。所以打電話、寄郵件都不可行。這時，有個人對當時的總統威廉・麥金利說：「有個叫羅文的人，他有辦法找到加西亞，也只有他才找得到。」

　　於是他們找來了羅文，交給他一封信，只下達了一句話的指示：「把信交給加西亞。」

　　當下，羅文只是把信裝入一個油布包，封好後吊在胸前。划著一艘小船出發，四天後在一個夜裡到達了古巴，消失在危險的叢林中。三星期之後，又出現在古巴的另外一端，徒步穿過危機四伏的戰場，經過千辛萬苦，把信交給了加西亞。

　　當威廉・麥金利總統把信交給羅文時，羅文並沒有劈頭就說：「誰曉得加西亞在哪兒？」也沒有理所當然地回覆總統：「這難度太高，根本不可能。」他只是接過任務，並開始執行。

　　聽起來像是電影情節，但是那個「使命必達」的精神倒是真的存在。

　　上司需要的是你幫他使命必達，不是要你凡事扯他後腿。接到上司交付的任務或是工作時，請先仔細評估任務或是工作的可行性。我所說的仔細，是指徹徹底底全面地客觀評估。如果覺得這是可行的，那就必須盡全力去做。因為這很可能是上司在考核你能力的一次機會。

　　但是，若是在你仔細評估之下，你覺得這是無法達成的呢？你該怎麼做？

　　千萬不要抱怨連連，抱怨是最浪費的語言。

　　較為適當的處理法應該是先對上司交辦的工作或任務表示認同。然後，婉轉地「引導」出實施的困難點，讓上司自己去注意到並提到困難點。

　　小李在一家知名百貨公司當業務主管。因為是社區型的百貨公司，客群明確再加上深耕多年有成，因此業績一直十分穩定。但是，不久前附近有一些日系連鎖百貨接二連三在附近開幕，故此全公司上上下下都嚴陣以待，不敢鬆懈。

　　在討論周年慶企劃時，上司開會時一開場就對小李說：「今年這檔周年慶業績一定要成長百分之二十，一定要達標！」

　　「百分之二十？這怎麼可能呢？」小李內心喊著。

　　但是小李沒有面露難色，也沒有出聲抗議。他只是很有禮貌地說：「好的，我先回去看看過去的數字，然後再依照您的目標列出企劃案。」

　　接著，小李在企劃案中把促銷的方案所需的廣告費用的預算大幅度提高，包括電視廣告、文宣DM，甚至提出要遠從日本邀請來拉麵達人，現場實際表演手工拉麵。這樣一來，百貨公司的這個周年慶所花費的成本費用恐怕要破錶了。

　　上司看過企劃案，一臉很不開心地說：「這花費增加這麼多，簡直是開玩笑。」

　　「可不是嗎？花費真的是太多了。可是如果按照歷史數字計算，這花費恐怕省不下來……因為我算過了，來客數至少要增加百分之五十，才能達到成長百分之二十的目標。如果沒有強打電視廣告，那麼很多非本地區住戶的消費者可能就不會過來了。」小李也露出很為難的表情說道。

　　表面上很贊同，可是，卻是實實在在點出困難點。

　　上司接著說：「那這個日本請來拉麵達人，又是怎麼回事？」

　　小李馬上報告：「這個我探聽過了，日系百貨往往在周年慶會請日本的著名餐飲店廚師來表演。可以立刻提高業績，也非常吸引人潮。如此一來也能增加來客數。那麼我們再增加一些臨時櫃銷售，便可以提高客單價。只不過，聽說他們請日本廚師來現場表演花費也很大，一大陣仗的

人，設備不說，光是吃住全包……」

同樣是先表示贊同了，然後再婉轉點出困難。

「可是臨時櫃增加太多，整個動線很擁擠，客人很難好好逛街。」上司皺起眉頭，也發現了另外一個困難。

小李見時機差不多，便開口說：「唉，都怪不景氣，不過不要擔心，我們的客層一直和附近百貨有所區隔。不然這樣，我回去重新擬一份企劃書，看看在不增加預算的條件下可以成長多少。」

「也的確是，今年經濟很不景氣，貿然增加預算實在也太冒險。」

這時上司接受了他的意見。

於是，小李依照實際狀況重新做了一份具有可行性的企劃案，目標是比去年成長百分之五到百分之七。

上司也沒有異議地接受了。

如果當時小李沒有先做到認同，只是急著反駁著上司，立刻衝撞：「這根本不可能，這麼不景氣，能成長個百分之五就該偷笑了。」那你想上司會是什麼樣的反應呢？

碰到這類「說話只表三分意」型的上司，未必是件不好的事。就是因為他說的少，而你做的巧，不是更能展現你的能力，讓你更有發揮、表現的空間。他說的少，你做得妙，那更磨練你的悟性。

## 這樣的上司教會我的事

✔ 說話只表三分意，話到嘴邊留七分。不把話說到死，也不把話說到絕。這樣凡事還可以轉圜，也都給了彼此空間。

✔ 處事不急著先表態，且看看周圍的人態度是什麼，大家的意見是什麼。

✔ 你可以拒絕別人，也可以不贊同別人的做法，但是第一個前提是要先表示認同他的意見。

✔ 靈活應對絕對不是耍小聰明或是鑽漏洞就可以，是要盡量在體制中為適應變化留下一定的空間。

✔ 若是毫無彈性地堅持原則，就無法真正地堅持原則。

✔ 當一個愛問一些沒有意義問題的「話癆」，在上司面前是沒有價值的，只會被看破手腳。

✔ 在職場中要如諸葛亮一樣學會讀懂「無字之書」，必須在生活中做到細微觀察。

✔ 有時候用暗示，更能看出你平時看不到的小細節，也更能觀察一個人的性格。

✔ 人的心意很難揣測，不如把時間花在實際的地方，學會如何應對比較實在。

✔ 上司不一定是對的，但是，如果不懂得應對，那錯的一定是你。

✔ 開口前，先做好功課。打蛇打七寸，最好一開口就問到問題核心。

✔ 凡事不要鋒芒盡露，有時裝傻也是一個婉拒的好方法，但是一定要清楚「裝傻」和「真傻」的區別。不要「裝傻」不成反變成「真傻」。

- [ ] 當上司交給你一個高難度的工作，你是不是第一個反應便是「這哪有可能」？

- [ ] 當上司交給你一個任務，內容模糊不夠具體，你是否因為怕上司誤認你能力不足，因此點頭如搗蒜，只是不斷附和？

- [ ] 當上司交給你一個任務，你是否每個細節都無法自己判斷，而必須不斷請示？

- [ ] 當上司交給你一個任務或工作，你是不是花很多時間想要猜中上司心裡到底在想什麼？

- [ ] 當上司交給你一個企劃案，你是不是認為上司對於內容細節都要理所當然地全部先交代清楚？

- [ ] 當上司交給你一個工作，而你因做的不合他的意而被責備時，你是否立刻辯駁：「我是按照你說的去做啊⋯⋯」

- [ ] 當開會時，你請示上司工作內容，而上司只是一句：「我明白了」，你是否就此打住，不求確認，便直覺地認為「他明白就好了」？

- [ ] 你是否會在上司背後向同事抱怨：「話都不說清楚，這叫人家怎麼做事？」

- [ ] 當上司交給你的任務，你順利地完成了，你是否會表現出你很瞭解他的樣子？

- [ ] 當上司跟你說：「就交給你處理」時，你是否就真的按你自己的意思去進行？

- [ ] 當上司開會時高談闊論，你是否會不自覺地流露出「不認同」的表情？或是低頭不想直視？

第三章

# 面對「優柔寡斷」型的上司，
# 請清楚報告每個方案的利弊

Managing Up !

How to Get Ahead with Any Type of Boss.

　　小陳在一家傳統企業任職多年，說才能，其實只能算是中等。

　　他在這家公司待了很多年，好不容易終於熬到了經理的位子，只能說是苦勞高於功勞。其實很多比他晚進公司的同事，如今都已經是他的上司了。小陳總是認為老闆根本不知道他真正的價值，不免常常犯牢騷，認為自己運氣差，沒碰上伯樂。

　　但是，因為他在這家公司工作也多年了，覺得一動不如一靜，也就這樣當一天和尚撞一天鐘。

　　一次，中秋節快到了，不能免俗地有很多往來的廠商先後前來送禮。

　　其中一家廠商最早送禮，是一盒包裝漂亮的蘋果禮盒。小陳很開心地先擱在一旁，心裡想等到其他廠商也都送來了，再把禮盒一起帶回家。

　　果然接著一些平時往來的廠商陸陸續續地送禮盒來了，有月餅，有柚子等等。

　　等到快接近中秋節前幾天，小陳把所有收到的禮盒也分別做了安排，他把自己平時不太吃的甜食禮盒，分別轉送給了員工，或是其他客戶。這樣一來，員工也開心，又不必再多花錢去買禮盒送給客戶，也算替公司省了錢，一舉數得，皆大歡喜。

　　可是有個問題產生了！

　　在他所有收到的禮盒中，有兩盒蘋果禮盒。

　　他打開一看，有一盒是很又大又新鮮漂亮的蘋果，而另外一盒由於是最早送來的，放得比較久了，裡頭有幾顆已經有些變質。但是，只要把稍微爛掉的部分削掉，倒也都還可以吃，但就是沒有另外一盒新鮮了。

　　小陳面臨到第一個選擇：他無法很快地吃掉那麼多蘋果，那麼

要把哪一盒拿去送人？是又大又新鮮漂亮的那一盒蘋果？還是假裝不知情地把比較不新鮮的那一盒送出去？

他猶豫了很久，如果把那盒又大又新鮮漂亮的蘋果禮盒拿去送人，那勢必自己這個中秋佳節就只能吃那盒比較不新鮮的了。但是，如果將那盒較不新鮮的蘋果拿去送人，那豈不是太失禮了。

他躊躇了很久，最後，只好把兩盒蘋果都拿回家。

回到家裡，他又面臨了第二個選擇：先吃哪一盒？

現在他有兩個典型的吃法：第一個方法是先從爛蘋果吃起，把爛掉的部分削掉，其他部分還是很好吃。但是，這種吃法的結果往往是要吃一陣子的爛蘋果，因為等你把前面的爛蘋果吃完，原本新鮮的蘋果也變得不新鮮了。不過，終究全部的蘋果都會吃完，不會浪費。

第二種方法則是先從最新鮮的蘋果吃起，吃完再吃次好的，但是這種方法往往不可能把全部的蘋果都吃完，因為吃到最後，起初的那些稍微有部分爛掉的蘋果就無法吃了，只能丟掉，一定會有不少的浪費。

他又猶豫了，因為這兩種方法各有各的道理，各有各的優點，也各有各的缺點。

小陳的太太對他說：「不如先吃那些不經放的蘋果吧，咱們家又沒吃那麼快。若是先吃好的，那到時候就得丟掉不少，很浪費。」

於是他想一想，也就同意了。

等全家人吃完了晚餐，太太正要去切水果，兒子看到了媽媽拿出了快壞掉的蘋果。

「怎麼不先從新鮮的先吃呢？光是先吃快壞掉的，那時間一久，新鮮的也變得不新鮮了，這樣我們豈不是永遠都吃不到新鮮的？」兒子訝異地說。

小陳一聽，兒子的話也不無道理。

就這樣，小陳又左右為難了！

發現問題了嗎？

　　小陳的個性，即使是從這樣的小事都可以看得出來他具有「優柔寡斷」的特質。再往深一層想，難道他身邊的人、同事會看不出來他這樣的人格特質嗎？難道他的頂頭上司會看不出來嗎？

　　如果是這樣，那麼「優柔寡斷」的性格在上司的眼中，會不會就是他遲遲不被升遷的阻礙？

　　所以事出必有因，他這麼多年來工作始終無法超越性格中的這項缺點恐怕也是一個因素。

# 「優柔寡斷」型上司的停看聽

　　一般下屬或是中階的菁英幹部，會很刻板地認定優柔寡斷的上司做事總是既猶豫又囉唆，遇到好的案子不能立即下決心做出決定，有了好的時機也缺乏當機立斷的勇氣，處理問題總是裹足不前，說得好聽是小心翼翼，但更多時候給人的感覺更是怕東怕西。

　　但是，我們不妨反過來想，這是個好機會。因為上司的優柔寡斷可能是你可以表現的時候，也是運用所謂「對上管理」的好時機。

　　所以，我們沒有必要未審先判，優柔寡斷縱使有它的缺點，但是也有不可否認的好處。

　　即便是任何一種類型的上司，都有多多少少的其他特質。就好像是灰色也有深深淺淺的色階。先學會觀察你「優柔寡斷」型的上司是怎麼樣的特質，再來想想你可以怎麼應對。

　　記得以前曾讀過《史記》，當中的「淮陰侯列傳」有一句話還挺受用的。所謂「淮陰侯」指的就是韓信，因為他是淮陰人，所以這個「淮陰侯列傳」便是寫他的事蹟。在文中，蒯通勸說韓信時說了一句話：「騏驥之跼躅，不如駑馬之安步。」這句話的意思是說：「再好的駿馬躊躇不動，其結果還不如一匹劣馬以安穩的步伐向前走。」這句話用來比喻前文的例子，不就是給了一個最好的說法？

　　不要說是在職場上了，就算是在現實生活中，也是經常會有人在逛超市時，面對琳琅滿目的品牌、不同的價格、或是不同的口味顏色等，不停

地拿起來放回去，放回去再拿起來，比較再比較，看了又看，躊躇不定地花費許多時間挑選。

因此，這種不自覺地「優柔寡斷」型的人，實在為數不少。

最近播得如火如荼的大陸歷史劇《三國》當中，具有優勢兵力的袁紹最後敗給了曹操，就是一個最好的例子。袁紹「優柔寡斷」的性格造成了重大失誤，才讓曹操在官渡之戰以七萬的兵馬大破袁紹的七十萬兵馬，得以成就大業。

在職場上，也有很多類似的例子。

很多上司因為「優柔寡斷」，導致政策左右搖擺，無法下定決心，朝令夕改。早上才想好應該怎麼做，但是轉個身，回頭再一思考，又覺得另外一個方案更適合。這樣一來的結果，往往不是讓公司員工無所適從，不然就是延誤了時間，讓公司錯過了最佳的時機。

很多在職場上的員工都曾抱怨過自己的主管政策反覆，早上才開會說業務部以營業額為最優先考量，下午便改口營業額固然重要，但還是要以毛利為重；有時昨天才說A方案很不錯，今天立刻說B方案才是可行的政策…… 究竟要隨之起舞成為一隻無頭蒼蠅，還是要拿定主意，陽奉陰違？其實這都不是良策。

「優柔寡斷」的上司其實可以細分為很多種類。

當然第一種上司便是那種典型左右搖擺，無法下定決心，真正「優柔寡斷」之人。但是，有的上司看似「優柔寡斷」，但其實心中正在不停盤算，除非有十足的把握，不然他絕不會貿然做出決定。

也有的上司，其實對於目前你所提出的各種方案都不是很滿意，他正在等你出盡百寶，使盡本事，所以故意面露躊躇神色，如果你沒讀透他心思，還很單純地以為他是「優柔寡斷」之人呢。

更有的上司則是認為目前的這個問題，雖然重要但是不急著做出決

策，所以也就暫不表態。

### 你的主管是這樣子的嗎？

不管你上司的「優柔寡斷」是屬於哪一種，你只要細細觀察，大致會有以下的幾個特點：

## 1. 會不斷要求提案，但是遲遲不給答案

當你認真地把上司交給你的任務或是工作做出了企劃案時，上司會常常在看過時說：「嗯…… 還有其他的提案嗎？」於是，你又再次做出其他的提案。可是，上司還是那句老話：「除了這兩個方案，是否可以再想一想還有其他的方案？」等到你一提再提，直到提無可提，上司還是遲遲無法給你答案。

為什麼他會不斷要求提案？

因為他認為手頭只有一個方案時，他覺得自己別無選擇。而當有兩個方案時，他會覺得各有優點、左右為難。當第三個方案出現時，他才覺得自己好像可以比較評估。

「優柔寡斷」型的上司對你的提案常常存著FUD（Fear、Uncertainty、Doubt，也就是懼、惑、疑）。這個名詞最早是出自於IBM的行銷手法上，在顧客的頭腦中注入疑惑與懼怕，使顧客誤以為除了該公司的產品外，他們別無其他選擇。但是，我們現在先不把它當成是行銷手法來解釋，而就字面意義來說明。也就是說，上司對於「做出決定」這件事，感受到很大的壓力。所以，他才會不斷在要求新提案的做法當中，來解開他的「懼、惑、疑」。

　　小張是個經驗豐富的室內設計師，自從他自立門戶創業以來，他便常常遇到這樣「優柔寡斷」的業主，他常說這類型的業主是他們設計界的夢魘。這類型的業主常常舉棋不定，有時還會在施工期間意外地想在某處加個櫃子，或是換個顏色，往往因而延誤了工期，或是增加了預算。

　　最後結案時，業主才滿臉怒容地來抱怨怎麼工期拖那麼長，或是怎麼預算又要追加？

　　有一次，他向我抱怨他和某個業主討論主牆壁紙的花紋與顏色的過程。

　　「用淺蘋果綠可好？」小張問業主，同時給業主看了一些壁紙的圖樣。那個壁紙的圖樣是條紋，蘋果綠搭配白色條紋，中間還綴有金色，看起來的確不錯，溫馨而簡單。

　　但業主的表情看起來很猶豫。

　　「那我的沙發是否也得選蘋果綠的布沙發？」業主端詳了那個圖樣大半晌，然後開口問小張。

　　「不一定啊，如果是米白色沙發也不錯，搭配起來也好看。」

　　他「啊」了一聲：「米白色沙發容易髒啊，這可不實用。而且條紋的花色雖然較為安全，可是你會不會覺得整體看起來又太普通了……」

　　「那如果同樣是用淺蘋果綠，那這個蘿蔓花紋的呢？感覺就比較有變化吧！」小張推薦著。

　　「花紋真的是不錯，可是……你會不會覺得很花？」業主想了又想，拿起圖樣比了又比，還是舉棋不定。

　　「既然你擔心太花，不如就選條紋的。」小張再次建議。

　　「條紋雖然不錯，但太過保守，總是希望有點兒變化。」業主拿不定主意，於是再問：「那你還有其他圖樣可以給我參考的嗎？」

　　小張翻了另外一個黑白色幾何圖案的壁紙給業主看。

業主乍看之下很喜歡，便很開心地說：「很漂亮啊，感覺很有現代感。」

小張以為業主這時會決定就是這個花色了。哪裡知道業主接著說：「可是黑白兩色的幾何圖案會不會感覺很冷調⋯⋯？」

後來，小張跟我說了一句：「你知道光是選這壁紙要選哪一款，花了多久的時間才決定的嗎？」

我搖搖頭，無法想像。

「花了我一天，整整的一天！一整天就像鬼打牆一樣，條紋單調，但安全；蘿蔓花紋有變化，但怕太花；黑白很酷，但是怕會太冷調；紫灰很美，但怕太秀氣⋯⋯ 一整個就是在花色中繞來繞去繞不出去。」小張簡直快崩潰了。

其實，那位業主會這麼猶豫不決、優柔寡斷，是因為他有「懼、惑，疑」。

而小張並沒有及時了解他的這三個問題。只是讓他在這三個問題打轉，讓他更無法下決定。

因此，當你觀察你的上司對你產生「懼、惑、疑」時，他就更容易「優柔寡斷」，你覺得你是該找出他的「懼、惑、疑」來解決問題？還是不斷地送上更多的提案呢？前者治本，後者治標。

## 2. 對於風險和利益相當的提案很難抉擇

這類型的上司要下某個決策時，如果風險和利益各佔一半時，通常這會強烈「引發」上司性格中「優柔寡斷」的那一面。

這種上司不是特例，在職場上、生活上，比比皆是。甚至，在國外有

個很著名的例子可以說明這種特點。

十四世紀法國經院的一位哲學家布利丹養了一頭小毛驢,他每一天都會向附近農民買來一捆稻草來餵食牠。小毛驢每日吃著那一捆稻草,從來沒有問題。反正就是那一捆稻草,沒什麼好猶豫的。直到有一天,附近的農民因為很景仰布利丹,因而那天額外地多送了一捆稻草來。農民把兩捆同樣大小、品質相當的稻草放在小毛驢的面前。小毛驢站在兩堆同質、同量和距離完全相等的稻草之前,牠為難極了。

牠左看看,右瞅瞅,始終也無法分清究竟選擇哪一捆稻草比較好。於是,這頭可憐的小毛驢就這樣站在原地,一會兒考慮數量,一會兒考慮品質,一會兒分析顏色,一會兒分析新鮮度,猶猶豫豫,來來回回,在徘徊不定中活活地餓死了。

有人就把這種在做出決策時優柔寡斷、猶豫不決的現象稱為「布利丹毛驢效應」。

這類型的上司常常會對於兩種以上不同的訊息,或是風險與利益相當的企劃案難以做出決策,就像是「不利丹毛驢效應」中的小毛驢。

## 3. 對實際目標不夠清楚確定,導致難以做出決定

上司是做出決策的人,也是領導者。但是有時他只知道目的地,可是對於如何到達,卻沒有任何IDEA。這就好像今天我們知道要從家裡出發到台北車站。可是,要搭計程車?要搭公車?要搭捷運?還是要自己開車?我們都還沒有決定。

目的地是確定的,可是過程與方法還沒有明確的想法。

因此,有時上司的「優柔寡斷」也可能是對於自己要達成的目標已經有很明確的藍圖,卻對達成的方式與過程還沒有確切的定案。

有一次在我曾經任職的公司便有過這樣的例子，當時公司現有的廠房已經不敷使用，生產線永遠都是滿載，訂單老是無法如期交貨。

因此，上司決定要加蓋廠房以提供更大產能。

在這例子當中，「擴廠以及增加生產線」的前提是確立的，但是對於廠房的具體形象？廠房規模的大小？廠房要不要增添新的不同功能的設備？如果也希望能增加不同的生產線，那麼要增加哪些呢？……等等一切細節都尚未「量化」。

因此，面對大家紛紛而來的提案時，上司便會開始反覆思考，並且來回猶豫著哪個提案是他所確切需要的。

A方案有A方案的好處，但是B方案也有B方案的優點，再加上考慮預算、現有客戶的需求……等等。免不了就會躊躇以致裹足不前。也就是說大前提很明確，但是要達成的細項與過程他卻尚未想清楚，這便是這類上司造成「優柔寡斷」的主因之一。

那身為部屬的你，此時若是一股腦兒送上更多大同小異或是特色不夠明確的提案，恐怕只會讓他更加躊躇。


## 4. 常常說出「我再研究研究」、「再斟酌斟酌」的話

這類型上司做事有時會有點兒拖拖拉拉的感覺，因此當你問他決定如何時，他常常會以「我再研究研究」「再看看」「再斟酌斟酌」來回應你。

通常這類型的上司做任何事都是要到deadline 才肯做出決定。有可能是因為他對時間的管理並不好，也有可能他認為這件事還不急。正所謂「皇帝不急，急死太監」，他有時他還在東盤算、西盤算，可是你內心已經十萬火急。因為往往是他在下決定之後，你將有一堆細節工作等著你

一一安排，有一連串的流程要你各個單位去跑、去溝通，有一籮筐的人要你費盡唇舌去聯繫，這些全都需要時間。所以，你心裡頭一面急，嘴裡一面小心地催促，而他就是一句「嗯，晚點兒我研究一下再跟你說。」或是「噢，我知道了，我再看一下」。

　　曹先生任職的公司是個中型的加工廠，因為工廠位置位於郊區，所以除了有交通車接駁之外，也有提供員工宿舍供員工租用。半年前，上司告訴他公司決定要將原本的宿舍用地賣給某建商，因此，希望曹先生提出一些協助員工搬遷的方案。

　　於是，曹先生開始接手這個任務。

　　第一個月，曹先生就立刻提出方案給上司裁決，其中有曹先生細心地想到搬遷的補助、和房屋仲介業者配合找工廠附近的房子提供給員工參考、和搬家公司談價格以便幫搬家的員工爭取最便宜的價格…… 等等各種配套措施，可以說是十分完整。

　　在會議中，上司看過了提案書後，只是說：「我知道了，我先研究一下，看看有什麼不盡周全的地方，再跟你說。」

　　這一擱就是一個月。

　　第二個月，曹先生忍不住想「莫非提案上面提到的搬遷補貼，上司覺得不妥當？還是有其他的地方他不滿意？」

　　第二個月、第三個月過去了，這二、三個月期間只要每次開會曹先生都會把這議題提出來。

　　上司總是一臉沈思地說：「對，這件事很重要，我再把提案書研究一下再來決定。」

　　然後，又是一個月過去。

　　曹先生很困擾，因為搬遷方案一直沒有決定下來，他根本不知道該如

何發公告，找廠商洽談，或是和住在宿舍的員工進行溝通。

直到第四個半月，上司終於把提案批准了。

「小曹，我看過了提案書，也研究過了，完全沒問題。就照這上面的去做。要注意員工的搬遷安全，還有必須提供需要的協助。」

上司就只說了這樣簡單幾句話，可是上司不知道有沒有想過這簡單的幾句話背後可是接連著一大串的工作哪！

「總經理，不知道是否可以把搬遷的時間往後延一些？我怕會來不及處理後續問題。」曹先生小心翼翼地問。

「為什麼？我們和住宿員工的合約當中不是載明了搬遷只需要提前一個月告知？你現在發公告離搬遷還有一個多月呢！再說，我們和建商的合約若是延誤的話會有罰款的，這可是大事兒呢！」上司顯然有些不悅。

曹先生只好很百般無奈地接下這個「緊急任務」。

他第一時間立刻請人事部門發公告，通知宿舍必須在下月月底前清空。一面要和住宿員工一一協調，瞭解是否有員工需要房屋仲介幫忙找房子？一面還要聯絡附近的房屋仲介業者幫忙找公司附近的房子，另外也得去聯絡搬家公司請他們給公司員工最優惠的搬家費用，至於其他林林總總的小細節更是多如牛毛，更別提還要安撫員工的情緒。

整個一個半月，曹先生別說是準時上下班，就連星期六、日也都在工作。

一會兒，因為搬到市區的員工增加，公司的交通車不敷使用，造成抱怨；一會兒，員工只能在假日搬家，搬家人數多，使用電梯必須等很久，整個宿舍亂成一團，難免糾紛四起……更有的員工不斷投訴公司給的搬遷通知太短。

曹先生心裡也是滿滿的埋怨，明明提案早早就給了，為什麼總要等到最後一刻才下決定？如果早點兒決定，這些問題就會有從容的時間來解

決，也不至於到現在整個部門忙得焦頭爛額。

這類型的上司，有時對於deadline這種事是十分無感的。而對於後續所有要跑的流程，也會認為那是下屬該盡的責任範圍。因此，常常會造成一旦決策做出來，底下的人全部忙成一團。

# 5. 過分謹慎，有時瑣碎囉唆

「優柔寡斷」型的上司常常會因為行事過於謹慎，所以在某些時候會顯得有些囉唆。他們通常在做決策時舉棋不定，左右搖擺，難以取捨，有時甚至同樣的問題也會再三確認。他沒有健忘症，也沒有強迫症，只是他對決策的謹慎超乎我們的想像。

如果是依照心理學家的話來說，就是缺乏自信心。但是，在職場上，我們姑且不將這樣的行為認定是缺乏自信心。畢竟要在各項提案中做出決策，和日常生活逛超市選醬油品牌是程度完全不同的事。

我們不妨將這種行為解讀成上司對於決策過分謹慎。

因為在職場上，每一個決定都和金錢與公司的營運息息相關。稍微的不慎、考慮得不周全，可能造成的失誤有時是難以想像的，因此過分謹慎也在所難免。

A公司是一個頗具規模的五金製造商。在公司中有一個電鍍部門，因為電鍍設備有小部分較為老舊，再加上環保的新法規剛下來，公司必須要花一大筆錢來做電鍍之後的淨水處理。因此，很多需要電鍍的商品都暫時交給外包的專業電鍍廠商承包。其實，相較之下反而成本比較便宜。所以，公司一直猶豫是否該乾脆廢除這個部門，將機器設備變賣，把廠房空

間空出來作為其他用途。

有次，在會議上，大家又開始討論這個議題。

「總經理，不如把電鍍部門的設備處理掉，以後改以外包，這樣既可精簡人事，又可以將廠房空出來作為他用。」經理提議。

其實，這個建議十分有道理。

總經理點點頭：「也是啊，外包商很專業。可是……現在的電鍍部門的設備有一小部分是比較老舊，不過也有些是新的。若是真的要變賣處理根本賣不到什麼好價格，可是以後若是想要恢復自己公司的電鍍部門，那重新再購買設備可又要花一大筆錢……」

總經理的考量也不無道理。

經理繼續分析著說：「我們現在的外包商和我們配合得很好，而且如果要在自己的部門電鍍，恐怕淨水處理設備也是一筆開銷，所以關閉這個部門是最好的方法。」

總經理還是點點頭說：「可不是嗎？真的得花上一大筆錢呢！……可是外包商他承做很多家客戶的電鍍，我們的產品也是要依序排入他們的生產線電鍍，總是比較耗時，怕有時會延誤到我們產品的交期……再加上我們自己也有專業人員，一旦廢除這個部門，到時若是要再成立，一切又得要重頭來過……」

經理沈思了一會兒，總經理的話也不無道理。或許，電鍍部門不該廢除才是上司的心意呢！

那麼，若是不廢除，那就應該好好整理。

於是經理換個角度接著說：「那還是要破釜沈舟，乾脆把自己的電鍍部門重整好，以後由自己廠內來做電鍍？」

誰知道總經理仍舊點點頭說：「對啊，也可以啊，可是汰換一些設備，再加強淨水處理設備……還有人事管銷，這些都是成本啊！」

「可是在自己的廠內電鍍，正如您先前所說的，不但可以縮短我們的產品交期，也能讓我們的生產線更完整。」經理指出剛剛總經理考量的部分。

總經理依然還是點頭地說：「那當然是好，可是外包其實未嘗不是好方法，至少光人事成本我們就可以精簡……」

一整個會議下來，總經理拚命點頭，真不知那天回家後他的脖子會不會痠痛？全都是左右搖擺，順了哥情又怕失嫂意，完全是猶猶豫豫，反反覆覆地鬼打牆。

總經理不是對電鍍部門沒有信心，他的「優柔寡斷」來自於對利益考量的過分謹慎。

當你發現你的上司有上述的特質時，你不要先急著把上司的「優柔寡斷」立刻歸類成為缺點。其實，若是另一型無知但果斷，做出愚蠢的決策的上司比「優柔寡斷」的上司更加可怕。

姑且不論他是哪一種的「優柔寡斷」型的上司，不妨先想出應對方法來解決與面對，這樣才能在職場上拿到一張平安符。

## 應對眉角 這樣和他打交道

跟著這類型的上司工作，你隨之起舞，並非良策；而一味地不以為然，光是敷衍了事或是只是在一旁等著乾著急，也不是辦法。其實，你可以有一些應對方法的。但不必奢望上司可以立刻做到「斷捨離」，因為他本來就有許多顧慮。也不必尋求「理解」，因為比起「理解」你更需要的是「應對」方法。

不論他是哪一類型的「優柔寡斷」，以下幾個方法倒是可以做到互動良好。如果能夠細細咀嚼然後好好發揮，或許還可以用你的「助力」去化解掉他的「阻力」。

## 1. 不要當面指正，他不需要你的教訓

把上司當成你的客戶，切記不要當面直言「你昨天不是才說要如何如何，你今天又這樣說，到底是要怎麼樣做？……」即便這是事實，但是事實有時並不太中聽，總是惹人不悅。

上司需要的是你的建議和意見，不是教訓！

若是把上司當成你的客戶，難道你沒有聽說過「客戶永遠是對的」？

有時候在職場上，太過誠實，或是太過直白，真的會讓自己無端受罪。也許你心裡想：「我又沒有說錯，他本來就是這樣！」的確事實是這樣沒錯，可是你就算爭贏了，那又如何呢？

著名的日本作家三島由紀夫曾經寫過一本書叫做《不道德教育講座》，是一本很顛覆思考饒富趣味的書。書中舉了一個例子：二次大戰結束之後，日本國內物資十分嚴重缺乏，有一位法官堅持絕對不吃從黑市買

來的食物，最後落得營養失調而死的下場。說穿了，他的直接死因竟是因為「堅守誠正」。

再往深一層想，為何他不稍微變通以求適應？

在職場上說話有說話的技巧，當面「吐槽」上司，只會把自己置於炭火之上，不但沒有意義，還達不到目的，更會讓人覺得你的職場EQ很差。

先學會管住自己的舌頭，才不會讓自己這盤魷魚炒到了七分熟。

學會面對這樣的上司，不是要你隨波逐流，而是要先學會「深呼吸之後的淡定」。

先聽聽上司怎麼說，上司自己要推翻自己昨天的決策，一定會給個說法，不妨先淡定地聽聽他怎麼說，再來準備策略。他的說法若是有道理，那能夠及時改正又有什麼不可以？若是他的說法也還是盲點一堆，那麼你該做的更不是衝撞，而是趕緊準備可行的方案。

## 2. 給他多一點兒時間，迂迴給予建議

當上司因為優柔寡斷而不斷朝令夕改，讓大家都無所適從時，如果時間許可，不妨給他一點兒時間思考。最好的方法是暫時先迂迴地說出：「這樣的方案很好啊。不過上次您提及的方案也不錯呢。我們已經把相關數據都整理出來了，不如先呈給您參考、評估，您再做最後決定。」

千萬不要立刻附和今是而昨非，昨天上司說A方案好，你才舉雙手贊成，怎麼今天他說B方案才可行，你也立刻覺得一點兒也沒錯？你不是舉手部隊，也不要做應聲蟲，而是要做一個婉轉迂迴的建議者。

以下這個歷史的例子可以引以為鑑，那就是春秋時代衛靈公寵信彌子瑕的故事。

彌子瑕有受寵時，有一回因為母親生病，他便假托君命，私自駕著魏靈公的馬車回家，這在當時是很重大的罪，依照當時律法是要處以刖刑，所謂刖刑就是砍去雙腳。哪裡知道當衛靈公聽到時，不但沒有懲罰他，反而稱讚他說：「啊，真是孝順的人，為了母親竟然有勇氣不怕受刑。」

又有一回，彌子瑕在果園當中看到一個大桃子，便摘下來咬了一口。這時衛靈公剛好走過來，彌子瑕便將這個吃過的桃子獻給了衛靈公說：「這桃子十分甜美，臣實在不敢獨享。」

衛靈公笑容滿面地接過來，便把桃子吃了。還很讚賞地說：「這個彌子瑕真是忠誠愛君，連吃一個桃子也都能想到君王。」

可是過了一段時間，衛靈公的心思改變了。

有一次彌子瑕因為犯了個微不足道的小事，衛靈公大怒，並且當著群臣的面說：「此人過去假托君命，私用我的車，又把吃過的桃子給我吃，真是欺君犯上，罪不可恕。」

上司也是人，也會有管理者的考量，同時也會有管理者的盲點。昨天的考量和今天的考量有所不同，是大環境不同了嗎？還是策略不同了呢？你今天大聲附和，難道你不是對自己昨天的舉手贊成給了個巴掌？所以，先別急著表態，稍微思考一下上司改變策略的原因。也許，這樣可以讓你再提出適當的建議。

同樣的事，不同的時間，有不同的想法。昨非而今是，或今是而明非。你難道都要一一附和？

上司的心意起了變化，喜愛與憎惡也可能會大變盤。你倘若只是一味地附和，無疑也只是讓自己成為一個舉手部隊，萬一一不小心處理不得

當，還會讓自己無端端陷入反對黨的那一方。看在明眼人的眼裡，不但讓人覺得自己連主見都沒有，恐怕連人格也一併被人看扁。

最好的方法還是謹慎地把已經同意的方案，和現在的方案一起用婉轉的方式向上司說明：「您今天提的這個方案真的是比較好，不過前幾天的那個方案其實也不錯呢，而且已經著手進行了。不如我把手頭已經進行的部分整理給您參考，讓您可以比較，或是做個整合。這樣說不定會更完備呢！」

這樣一來，豈不是顧全了上司的想法，也能保全自己的立場。

## 3. 先做出不同方案的「比較表」

當上司猶豫不決，你不妨先做出不同的方案的「比較表」。

重點是，每個方案的利弊都要清清楚楚地列出來，還要將每個方案都附上數據。

你的工作是提出方案或企劃書讓上司來做決策，不是作文比賽，所以請盡量減少形容的詞彙，做到言簡意賅便已足夠。對於那些模棱兩可、華麗辭藻、官方說法、外交辭令……這些請都盡量減少。因為這些都只會增加上司做決定的難度。

在此分享一個有趣的小故事，法國大文豪雨果，在出版了《悲慘世界》之後一個月，寄了一封信給出版社，上面只寫了「？」而出版社的回函也很絕，只在信紙上寫了「！」其實雨果是問出版社「書賣得如何啊？」出版社回答他「好極了！」。

當然我不是建議你要在提案或企劃書上寫著「？」或是「！」，而是如果你的企畫書如作文比賽一樣，文辭並茂，充斥著過多的形容詞，不論是詞溢乎情或是情溢乎詞，這些對於你那本來就「優柔寡斷」的上司要他

做決定，肯定是雪上加霜。

把你提出的幾個方案之間的差異性「表格化」以及「量化」，也就是用表格把各種方案的優缺點都列出來，並記得把每一種方案的風險評估都以清楚的數字標示出來，這樣是比較方便上司立即做決定的。因為沒有絕對佔優勢的方案，也不會有絕對會失敗的提案。之所以舉棋不定，正因為各有優劣。

讓數字本身去說話，這樣會對他的決定比較有幫助性。如此一來，上司也會覺得你的分析是有所本的，而非空話。

## 4. 善用暗喻方式，讓他使用「淘汰法」

當上司面對過多的提案，難以決定時，你不妨以暗喻的方式，先行指出一些不可行的方案例子，讓他自行淘汰那些不可行的方案。

當上司收到過多的資訊或提案，他的「優柔寡斷」正在極致地發揮，你該怎麼辦？以下有個小例子可以說明。

美國哥倫比亞大學的商學院教授Sheena lyengar曾做了一項很知名的實驗：讓消費者在六種果醬中挑出一種，或者是在二十四種果醬當中選出一種時，大多數消費者都希望擁有更多選擇，因此大多偏好在二十四種果醬中做選擇。

但是最後消費者決定購買時，在六種果醬中選購並成交的足足有二十四種果醬可挑選的那組人的六倍。

Sheena lyengar推測：大量的選擇雖然比較能夠吸引我們的注意，但是少量的選擇卻是比較能促使我們從選項中做決定！

巴菲特也曾經說過這樣一句話：商學院對複雜行為青睞程度遠勝於單

純行為，可是單純行為卻比較有效率。

說穿了，就是簡單最好！

因此，你的首要工作就是先替上司去蕪存菁。

但是請記得你不是上司，你不能下指導棋，也不能越俎代庖。上司希望你能幹，不是要你「恃才傲上」，而是要你「恃才助上」。所以，你只能從旁協助先將一些可行性較低的、天馬行空的、過於理想化的、沒有效率的、或是風險太高的提案先用「暗示」的方式指出來，讓上司自己看出問題點，然後先做出一輪淘汰。

這樣做就好比他希望有二十四種果醬可以選，可是，你引導他刪除掉他吃了會容易過敏的口味，以及那些他本來不愛的口味，還有其他對身體健康沒幫助的，再慢慢把上司帶到六種果醬那一組，這樣他的決定速度就會快很多。

面對這樣的上司，你的功課就是要學會「耐煩」。

和這樣類型的上司工作，「不耐煩」是最大的忌諱。

「不耐煩」會導致你在態度上產生敷衍，或是覺得工作度日如年，總是不順心。

其實，何不換個角度調適自己的心情呢？

三國時代，諸葛亮曾經問過他的的岳父兼老師黃承彥，在事業上要如何步步高升？他的老師只有告訴他：「靠耐煩。」黃承彥把他的女兒許配給諸葛亮，又把奇門遁甲的學問通通傳授給諸葛亮，為什麼不告訴他成功是要自身條件、或是自己的修為，還是要靠謀略……而是要「靠耐煩」？

因為「耐」得住「煩」，自然就不覺得煩心事是煩，也不會為煩心事所煩。

如此一來，做事自然沈得住氣，做人自然不浮躁，事情也就能處理得妥妥貼貼。面對「優柔寡斷」的上司，你更需要的除了做事的方法，「耐

心」和「不厭其煩」，更是缺不了的工夫。

## 5. 用「快問快答」法來訓練自己的上司

以前看過一些人格訓練的書，書裡面提到如何改變優柔寡斷的個性，其中一個很有趣的方法叫「快問快答」。

用這個方法，訓練以本能反應來加快速度腳步。

你的上司不是猴子，你也不是教猴戲的，所以你不能用「快問快答」來訓練你的上司。不過，你可以製造這樣的氛圍。也就是說，你可以把工作環境的步調稍稍調整，讓整個氛圍步調都不自覺地變快了起來。

記得有一次我到東京出差一個月，第一天一大早從飯店出門搭地鐵到客戶公司，我簡直嚇傻了。那時正是早晨上班的尖峰時間，過往的人潮個個都衣著正式，男士們著深色西裝，打著領帶，女士們身穿套裝短裙，沒有花俏顏色，大家都提著公事包快步行走。我不自覺地腳步也跟著快起來了。後來，發現我自己的腳步越走越快，每次想停下來時看到後面的人還不停往前走，彷彿是在追趕我似的，就只能加快腳步，以免擋到後面的人。

到了開會的地方終於才可以喘口氣，我忍不住問接待我的小姐說：「在東京，大家的步伐都好快，連走在路上我都不敢停下來呢！」

她很有禮貌地笑著說：「是嗎？會嗎？可能我們已經習慣了，所以覺得還好吧！」

接下來幾天，我還是有點兒不習慣，一大早的，過馬路擦身而過的人都像是個部隊似的。大家快速行走，快速通過地鐵站，即便中午買午餐，大家也是排著隊，安靜而有序。我本以為台北已經是個步調夠快的地方了，哪裡知道就像中國那句順口溜說的：「不到北京，不知官小；不到上

海，不知錢少。」到了東京，才知道什麼叫做步調快。

可是，一個星期過去之後，我竟然也慢慢地習慣了。等我一回到台北，我的第一個感覺竟然是：大家怎麼都走這麼慢？

在鄉下大家的生活步調緩慢，所以也不自覺地放慢，自在而悠閒。在大都市，大家的步調都很快，所以習慣成自然。如果你慢慢地讓你的上司一直處在這樣緩慢的步調中，他自然是一切慢慢來。可是，如果你試圖讓他處在一個步調很快環境中，溫水煮青蛙，慢慢地他也會在不自覺當中加速他的步調，然後讓這樣快速的步調成為一種氛圍。最後你再設下一個deadline截止期限，他自然也就不會過於慢條斯理，讓你一直在旁邊乾著急。

面對「優柔寡斷」的上司，如果你先入為主地認定這就是他的缺點，那你就會以厭惡的心態去面對。但是你若是先把優點或是缺點這個界定先擱置在一旁，把它當成是一種人格特質，那你自然就會以「量身訂做」的應對方式去處理。

兵來有將會擋，難道水來你不會以土去掩嗎？

## 這樣的上司教會我的事

✔ 不要把「優柔寡斷」看成是一項缺點，與其未加思考的果斷，還不如仔細思量後的出手，成功機率也相對較高。

✔ 遇到需要做決策的時候，請先想一下你有多少時間可以思考，仔細思考固然必要，但是時機也是相對重要。

✔ 世界上沒有一成不變的東西，因時制宜，因地制宜，還有因人制宜。

✔「朝令夕改」固然會令底下做事的人有微詞，但是朝令若是錯的，夕改又何妨？重要的是不要朝令夕改後，明朝又再改，然後明夕還再改，那就真的讓人無所適從。

✔ 把複雜的工作簡單化，對「優柔寡斷」的上司有極大的幫助。

✔ 習慣會成自然，你希望有什麼樣的工作步調，就先營造出什麼樣的工作氛圍。

✔ 不要在只有一個提案中做決定，但是也不要把自己放到一籃子大同小異的選擇當中。前者會讓你以偏概全，後者則是在浪費你的時間。

✔ 企劃書中太多不著邊際的辭令，只會模糊你的焦點，先去掉那些無用的詞句後，剩下那幾行字可能才是可以左右你的重點。

✔ 有時適時地假意猶豫一下，可以讓底下的員工激盪出更多選擇。

✔ 在職場上，說話有說話的藝術，抱怨有抱怨的技巧，催促有催促的方法。但是，說話過於直白對任何事是絕對沒有幫助。

✔ 學會耐得住性子，把這樣的上司當成是磨練你耐性的好機會。一旦學會有耐性，那你就無堅不摧了。

☐ 一聽到上司改變才剛訂出的策略，你是否反射動作似地立刻出言抱怨或是臉上露出不悅的神色？

☐ 上司遲遲未做決定時，你心裡是否想著：反正你不急，我也就不催。做提案是我的工作，你不做決定又不是我的錯？

☐ 上司對於你的提案總覺得不夠滿意時，或是多問了幾句，你心裡會不自覺地嫌他囉唆？

☐ 你是否在寫企劃案，總覺得字數越多越顯得我很認真，所以用了太多語意模糊的官方辭令？

☐ 你在做提案時，是否總是把所有應有的數字與資料列得清清楚楚？

☐ 你是否在做提案時覺得多提幾種方案表示自己有努力思考，以致於所有的企劃書或提案都大同小異？

☐ 你是否覺得上司的「優柔寡斷」是個大缺點，當上司就應該「英明果斷」才有guts？

☐ 你是否在協助上司做出決策時，總是很明顯地讓上司知道是自己的功勞？

☐ 你是否常向同事抱怨上司的「優柔寡斷」，讓下屬很難做事？

☐ 你是否對上司的決策採觀望態度，覺得反正上司總是改來改去，還不如以不變應萬變？

☐ 你是否常覺得反正上司總是「優柔寡斷」，所以對他的指示總是存著敷衍的心情？

☐ 你是不是只覺得上司「優柔寡斷」，可是卻從來沒有想過他「優柔寡斷」的考量是什麼？

第四章

# 面對「急驚風」型的上司，
# 你千萬不要當個「慢郎中」

Managing Up !
How to Get Ahead with Any Type of Boss.

在商務談判上很多人會舉到下述這個知名例子，這確確實實是一個典型的「急驚風」遇上「慢郎中」的案例。人情世故如此，商場如此，談判如此，職場亦如此。

有家日本公司和美國企業正在進行貿易談判。

第一次談判時，日方派了一個團隊到美國。當日本團隊一抵達美國，美方的代表立刻滔滔不絕，說個不停，把美方的立場表達得一清二楚，希望能夠趕緊把談判內容訂定下來。哪裡知道，日方團隊一整隊人馬全都只是埋頭記錄，把美方所說的話一五一十記錄得清清楚楚。就這樣，日方團隊沒有發表任何言論就回國了。

六個星期之後，日本公司又派了一個部門的團隊來談判，進行第二次的會議。

這次日方派來的團隊好像根本不知道上次美方企業說了什麼似的，所以美方企業只好又從頭把事情說一次，希望這次可以盡快把協議內容敲定。因此，美國代表為了能夠在這次就把事情搞定，也只好滔滔不絕，更賣力地細說從頭。可是，日本公司的新團隊卻還是同樣地把美國公司說過的話一字不漏地再記錄一遍，然後又帶著大量的筆記回日本去了。

又再過了六星期，日本再派了第三組談判團隊來。

這個第三個談判團隊和前兩個團隊沒兩樣，彷彿所有之前的記錄都不曾看過似的，又讓美國公司再次口若懸河，急切地希望這次日方團隊能做出決定，不然至少也表達一下他們日方的看法，

因此，只好像是老師在講課一樣，把課文內容再說一次。而日本團隊一切照舊，仔仔細細地再次記下筆記，然後就回日本去了。

之後，第四次、第五次，日本公司全都像是派不同團隊來聽演講一樣，全都是筆記團隊。結果，美國公司越來越急，每次都是同樣地把條件、內容、協議全都重複地再講一次。

一年過去了，美國公司認定日本公司毫無誠意，打算放棄。

正當這樣的談判陷入膠著時，日方的談判代表人員忽然來到美國，這一次，日方派出的談判人員一反常態，在美國公司毫無心理準備之下，立刻拍板定案，做出了交易決策的內容。結果是，美國公司根本措手不及，完全處於被動，損失不小。

發現問題了嗎？

有時「急」雖然可以掌握時機，可是更多時候「急」卻更容易暴露缺點。因為「急」，你讓對方知道你心裡真正的想法，因此，你的猶豫、你的裹足不前、你的陽奉陰違、你的不以為然，有時在片刻之間全都被上司看在眼裡。換言之，你把你的「底限」全寫在臉上了。只因為你急著把事情達成。

在職場上你要學會沉得住氣，你要把你的「急」放在心裡，然後謹慎行事。重點來了，那麼上司的「急」你可能難以改變，但是你可以用看似也「急」的「緩」來協助他，這樣會讓他更能感覺到你的重要性。

你的上司可以是「急驚風」，但是，你若是思慮周密的「慢郎中」，也請善於應對，不要讓上司將你的「思慮精密」認定是「漫不經心」。

# 「急驚風」型上司的停看聽

　　現在社會步調越來越快，很多上司為了追求效率，有時不免不自覺地「急驚風」起來。早上才跟你說叫你把某家客戶去年每個月的銷售數字和今年的做出比較，下午便問你做好了嗎？剛剛開會才跟你說他要銷售計畫表，下班前就問你可以交出來了嗎？

　　他需要的是無所不在的「活動資料庫」，而不是問了半天永遠回答：「快做好了，再給我一點兒時間的」的「慢郎中」。

　　有時候這種「急驚風」的上司是為了追求效率，有的時候是為了掌握時機，有時候是為了督促下屬，也有的時候是他本身人格特質就是那種「說風就是雨」的人。

　　面對「急驚風」的上司，你要如何與他互動呢？冷處理固然不理想，但是熱處理不是更忙得焦頭爛額？

　　這兩種極端不同處事方法的人，要如何協調，就是一門藝術。

　　三國時代的曹操也曾經因為躁進犯了這樣「急驚風」的錯誤，因而在赤壁大敗。赤壁之戰前夕，周瑜一直對於曹操軍營中熟識水性的蔡瑁、張允感到頭痛，他深知要在赤壁之戰得到勝利，一定要想辦法除掉曹營中的這兩名大將。

　　於是，周瑜便利用曹操多疑的個性，製造了一個假情報給前來刺探軍

情的蔣琛，暗示蔡瑁和張允是內鬼，早就倒戈了。因此，當曹操聽到蔣琛
向他報告這個「假情報」時，他怒得立刻下令把這兩名大將拖出去斬了。

可是，才一轉身他立刻發現自己犯了大錯。待要阻止時，兩員大將已
經被迅雷不及掩耳的速度斬首了！

其實曹操一向是熟諳兵法，擅用權謀的人，照理說是不會這麼容易就
相信「假情報」的。可是，人畢竟是人，有時也會忽然因怒火而急，因關
心而急，因怕拖延而急。

所以，在職場上你的主管難免會有「急驚風」的「症頭」出現，我們
不要因此就判定他一定是事事皆急，而是要去想一想背後的原因。

其實，不要以為「急驚風」上司難剃頭，恐怕「慢郎中」上司也沒有
好到哪裡去。

某一年，一位知名的北大客座教授，也是很知名的心理學家徐浩淵女
士，接受一家媒體的採訪。採訪結束之後，她千萬交代採訪的記者一定要
先把稿子讓她過目之後才可以發表。其實，這是她對自己發表的言論的一
種負責態度。

可是，就在徐浩淵女士把採訪記者傳來的初稿改完之後，發現原本錯
誤連篇的初稿早已被刊登了。徐女士十分生氣，因為初稿不但錯誤百出，
還有很多地方根本誤解了她的意思。

原來，是因為徐女士初稿修改得太久了，遲遲沒在截稿前把修改好的
稿子傳過去，而記者又聯絡不上她，只好以這份初稿來刊登。

主管十分緊急，你偏偏急事緩辦；你緊張萬分，偏偏主管紋風不動，
慢條斯理，這樣上和下肯定是沒辦法好好配合的，互動不良。可是如果你
的處理方式是遇強則強，遇弱則弱，遇急則急，遇緩則緩，這樣也未必周

全，還是得視事件的情況來調整上下的步伐。

這種事情沒有絕對的對與錯，端看你要怎麼處理與面對。

有次遇到一個長輩，聽他說起太極拳的精髓。

「『進、退、顧、盼、定』，這是太極五行的精神，太極拳行拳時講究鬆沉圓活，主要呢是後發制人，注重觀察與瞭解對手，透過『引導』而不是『抵抗』對手的發力，和改變站位來使對手的進攻落空。」他曾不厭其煩地向我解說。

雖然，我不懂得太極拳，可是，若是把這精神用在職場或是人生上，不也是老祖宗的智慧？

你遇到「急驚風」的上司，何必「抵抗」？是不是應該像長輩說的講究鬆沈圓活，後發制人呢？！

你的主管是這樣子的嗎？

## 1. 言談中常不自覺地出現命令與強制語氣

在筆者以前任職的公司當中，有位總經理秘書，她常常對我抱怨她的上司十分無禮，言語中根本不懂得尊重人。

「怎麼了？他罵你了嗎？」我關心地問她，因為她才剛到這公司不久，所以我有點擔心她不能適應公司文化。

據我所知，他的上司是個能力很優秀的人，也是個很肯提拔新人的主管。

「也不是罵，只是他不懂得尊重別人罷了。」她有點委屈地說。

「是發生了什麼事？」

「他常常看到我就說：『把這個文件拿出去給財務部。』或是『去把業務經理叫進來。』之類的，語氣都是命令，連客氣的臉色也沒給過。我知道他是我上司，這些本來就是我的工作，但是難道在職場上司對下屬可以沒有禮貌嗎？難道書本上所說的『請』、『謝謝』、『對不起』都只給我們這些下屬、員工看的嗎？上司都不用說的嗎？難道我們就不值得被尊重嗎？」她嘟嘟囔囔地抱怨著。

我聽了笑著問：「你很在意這個？」

「有些在意，因為聽了覺得不舒服，覺得自己像佣人。」年輕小女生，畢竟比較難適應吧！

「他只是性子急罷了，不是真的沒有禮貌。相處久了你就不會放在心上了。而且，日久見人心，日子久了，你會發現你的主管有很多優點，值得你學習。」我安慰著她。

這類「急驚風」型的上司常常不自覺地會脫口說出：「把那個財務報表拿來給我看看。」而不是說：「某小姐，可以麻煩請你把那份財務報表送進來給我看一下嗎？」

有的更急躁的，連你的名字都叫不上，只是指著你說：「那個誰誰誰啊，把那個報表拿給我。」

難道，你也要因此耿耿於懷？

其實，這並不代表他是個沒有職場禮貌的人，只是因為性子急，所以脫口而出。

事不關己，己不關心，如果事已關己，那麼關心則亂。

事一關心，常常忽略了應該有的禮貌與措辭。這不過是人之常情。如果你一定要在這類型的上司身上拘泥於他這樣是不尊重你，那久了便就是鑽牛角尖了。

主管對下屬，要知人善用，適才適所，但是下屬對主管又何嘗不是需要知道其工作作風與眉角，才能發揮最到位的協助呢？

## 2. 跳躍性的思考，讓人毫無頭緒

這類型上司常有跳躍性的思考，有時甚至他說出口的話會讓你不知道他到底是想問什麼？

在心理學上「跳躍式思考」是指一種不依邏輯步驟，直接從命題跳到答案（但不一定是出題者所設定的答案），並再一步推而廣之到其他相關的可能的一種思考模式。

但是，這裡筆者並不是要去深究學理上的這個名詞。

我只是想很簡單地用這個名詞來形容「急驚風」上司的某種特徵。

比方說，有些上司在你才剛開始說出你的提案，他就已經好像是你肚子裡的蛔蟲似的，你還沒說上幾句，他就立刻打斷你說：「我知道、我知道，你就是打算怎麼樣……怎麼樣啊，可是後來這個會怎麼樣……怎麼樣……，你有沒有想過……」完全自導自演般地說完整個故事。到最後，還不忘來個大評論。

有次我到一家公司去洽公，和一位高階主管碰面，要討論年度採購合約的事。

當下因為大家是舊識，相談甚歡。言談之中，他要請秘書調出舊的年度合約出來，以便可以協商一些細節。

他按下內線：「李小姐，把那個合約拿進來給我。」

我無法得知對方回答了什麼，可是，接下來我看到這位主管面露不耐煩的神色說：「就是和×××公司的合約啊，還有什麼合約？！」

我素來知道這位主管是個急性子的人，正要提醒他說我們簽有兩份合

約，一份是我們今天談的年度採購合約，以及另外一份是專案合約。要請秘書小姐拿正確的合約進來，免得多跑一趟。

但是，我還來不及在旁邊小聲提醒，就看到這位主管已經很不滿地將電話掛下。

過了一會兒，就見到秘書開門進來，手上拿著兩份合約，我心想應該是她看主管也沒說清楚，又不敢再多問。

上司看了她一眼：「我就知道你會兩份都帶進來，這份專案合約是針對特定商品的，你應該一推敲便知道到我講的是年度合約啊。」

秘書只好一臉尷尬地退出去。

「其實，說真的誰能猜出你的意思呢？她在外面哪裡知道我們在裡面討論什麼。還沒等她問清楚，你便急急掛電話了。而她還能兩份都拿來讓你挑，也算是周全了吧！」因為筆者和這位主管交情算深，所以就雞婆地替那位秘書說一下情。

在這名主管的邏輯中，第一個階段，秘書應該看到×××公司的人來，就知道他要的合約書是指×××公司與本公司的合約，這也算合情合理的推測。

接下來是第二個階段，合約有兩份，究竟要拿哪一份？一份是年度採購合約，一份是針對某些特定商品的專案合約。年度採購合約是指一年中平時都會使用到的耗材類，而特定合約則是針對年節商品的採購，眼下既不是端午，也非中秋，離過年更遠了，因此，一定就是那份年度採購合約才對。

所以上司認為第三階段是進入結論，那就是秘書應該只帶著正確的那份合約進來。

其實，這樣推理也不算太強人所難。

雖說「捧誰的飯碗，就歸誰管」，可是，捧你飯碗的人又不是你的肚子裡的蛔蟲，你一下子跨過第一個階段以及第二個階段，直接來到第三階段。這樣的標準，如果是小事，可能還能偶爾猜對，可是遇到大事，豈能用矇的？

# 3. deadline之前，拚命提醒

這類型的上司會不自覺地在提案的deadline（截止期限）前不斷提醒你。

雖說一般職場常犯的錯誤是「拖延症」，很多人都是非要等到最後一刻才要開始做。但是揠苗助長，也是十分令人頭痛。這類型的上司常常會在提案的deadline前頻頻催促，或是提醒你「要記得」。幾次聽下來，下屬心裡不免覺得這主管很愛碎碎念，十分「雜唸」。

我想起了一部陳年舊片，就是周星馳主演的喜劇電影「齊天大聖西遊記」，說真的，我倒是真的不記得主要劇情是什麼，彷彿是和一個月光寶盒之類的東西有關。不過其中一個橋段，我想很多人應該都還記得。戲裡孫悟空膽大包天，竟然背叛唐三藏，把唐三藏送給了牛魔王當補品。戲裡面向來秉性善良的孫悟空為什麼會做出這樣大逆不道的事呢？原因就是他實在受不了他師父時時的「耳提面命」，師父不斷再他耳畔碎碎唸：「悟空啊，你要知道……」、「悟空啊，做人必須……」、「悟空啊，……」最後，孫悟空雙手捂著耳朵，痛苦地對著螢幕說：「換成是你，你受得了嗎？」

戲裡面的演員「琛爺」把那個囉哩八嗦不斷碎碎唸的唐三藏演得活靈活現。在一旁不斷地不斷地說著不同的大道理。套句戲裡面的台詞：「換

成是你，你受得了嗎？」

有些主管，就和這個唐三藏差不了多少。一下子早上看到你才問你：「啊，那個企劃案現在進行得如何了？」到了下午開會又再問一次：「那個企劃案有進展了嗎？」然後，接著每次開會都不忘問你：「現在那個企劃案弄得差不多了沒？」明明離交期還有一段時日，你也有你自己的進度，可是，他還是不斷提醒你要準時。

記得有本我自小就愛不釋手的書，是子敏老師在民國六十一年寫的書《小太陽》。應該很多學子都看過這本書，因為子敏老師曾經是國語日報的社長、董事長。很多教科書中也都有提過這本《小太陽》。

他在書中有一段內容是寫關於他那個對時間管理十分嚴謹的二千金。

某星期天，他答應要帶他的二女兒去看電影。他女兒也答應要讓他把書房門關上，好好寫稿，寫完後就出發。可是，十分鐘之後，他女兒來敲門問：「爸爸，還剩幾行？」子敏老師告訴女兒還有八十行。過了五分鐘，女兒又來敲門問爸爸還有幾行？爸爸為了表示有進度讓女兒安心，所以只好告訴她：「還剩下六十行。」接著，就是一連串父女間的重複問答。

女兒問還有幾行，爸爸只好每次遞減地回答，五十行，二十行，九行，一行……最後女兒很開心地說：「一行寫完了嗎？」子敏老師說：「寫完了」。一路上女兒不忘稱讚爸爸稿子寫得快，可是爸爸心裡正盤算著等晚上女兒睡著後再開始動筆寫那篇稿子吧！

這段短短的一段文章，寫著是父女之間溫馨的情感。

可是換成了職場上，那可就一點兒也不覺得溫暖了吧？你會不會覺得有點兒「壓力」？明明離deadline還有一段時間，你也沒忘，也按照自己的進度進行，可是當主管一問，你便覺得有「壓力」。

他其實不過是急罷了，轉念一想，這何嘗不是一種另類的「關心」。

# 4. 急著進行，邊做邊補

這類型的上司往往是計畫尚未周詳就急著進行，不免有時邊做邊補。

其實，邊做邊修正，常常是這類型主管的特色之一。因為決定得急，決定得倉促，所以很多細節還來不及想齊全，便已經交辦下去了。等到下屬或是交辦單位一邊執行一邊發現問題來向主管請示，主管才一邊修改。這就好像女人在大減價時和一堆人搶衣服，根本沒有試穿或是只草草試穿，回家才發現腰身有點兒緊，然後送去修改，又發現裙子有點長，短一點好像比較好看，只好又再次送去修改。

也許你的上司的本身就是個「急驚風」，不過有時卻是因為時機使然，讓他不得不抓住那個Timing。

「孔子家語」中就有個例子是講述子貢做事通常是想到就立即去做，而沒有先瞻前顧後。直到孔子點出來子貢的這個缺點，才知道這樣做會導致不良後果。

當時，魯國的國君沈迷於酒色之中，政權旁落，朝中大臣爭權奪利，使國家日益貧窮，周圍的鄰國——齊國、吳國、晉國等就趁火打劫，強佔魯國土地，或是擄走魯國人民去當奴隸。

於是魯國國君頒佈了一項政策：凡是有人可以從敵國贖回被擄去當奴隸的魯國人，便可以到國庫去領回付出的贖金，而且還可以另外領到一筆獎金。

子貢是孔子學生當中比較富有的，也是比較性急的一個。因此當他在衛國看到有十五個魯國的奴隸，便立刻毫不猶豫地全數贖回，立即帶回魯

國。

等子貢回到了魯國，向主管機關報備這件事，當地的主管十分高興，立刻向國君請示，並把將贖回的錢以及賞金送到子貢家。主管還說要大力宣傳，說子貢樹立了很好的典範。

子貢認為自己經濟能力較寬裕一些，此事是能力所及，因此不打算收下付出去的贖金以及賞金。更何況孔子不斷教導他們要以「仁義」為先，因此也就推辭了表揚。大家不由得稱讚地說：「孔子真會教學生啊！」

子貢十分開心，內心覺得自己替老師掙足了面子。

哪裡知道隔天到了學校，私塾中的小師弟出來說：「老師請你在門外好好反省一下在贖回奴隸這件事，你做錯了哪些地方。」

直到下課老師才叫他進去，他正想問問自己是哪裡錯了，可是老師卻要子貢自己先想想錯在哪裡。

子貢想了一想，實在不知道自己哪裡有違背老師平時教導。就連其他同學也都一頭霧水。

孔子這才說：「你們都覺得子貢的做法是對的，可是思考問題要從各個角度。子貢的做法的確很無私而且符合仁義，可是，你們要再往深層想一想，他這樣的做法對於國家的這個政策有沒有反效果？」

大家陷入一陣沈思，有的學生開始熱烈地討論起來了。

過了一會兒，孔子看大家討論得差不多了，才緩緩地說：「國家制定這個政策的目的，是希望用賞金來激發大家的積極性，大量贖回淪為別國奴隸的魯國人，現在子貢贖人卻不領贖金及賞金，看起來很好，可是如果成為一股風氣，那麼有錢人誰還願意做這種虧本生意，而窮人更無力做，那麼政府的這個政策，不就因為這樣而功虧一簣？從此，只怕不論有錢人或是窮人都不願意做了呢！」

像子貢這類型的上司，想到就去做，覺得大原則沒有錯就急於去執行，卻沒有更深想一層，或是對於細節也沒有斟酌再三。因此邊做邊修正，邊做邊改。有時候，我們也不必用太負面的觀點來看待這樣的事。因為一個策略的成功，有時不在於一開始就能周全，而是遇到錯誤可以迅速地更改。

## 5. 常常有突如其來的意外加班

「急驚風」也算是一種風，急著做，趕著做，有時狂熱來得快，所以也就常有突如其來的加班。

家人有時總是抱怨你太晚回家，朋友聚會你也常常趕不上，回到家就連想看的書都翻不了幾頁就累得睡著了……全都是因為工作時間很長，有時是自己的時間管理沒做好，讓自己成了「窮忙族」。但是，有很多時候是因為上司臨時加進來的一個企劃案，或是上司臨時趕著要的一份報表，而讓你應接不暇。

這類「急驚風」型的主管，常常開會時會臨時下一個決策，然後問你說：「這份報表，你今天可以趕出來嗎？」當著眾人的面，你只好硬著頭皮說：「喔，好的！」

接下來，便是你晚上無窮無盡的加班。

因為上司突如其來的心血來潮，你為了表示「使命必達」，也只能奉旨接命。

有一天有個朋友很興奮地跟我說：「你知道嗎？我們部門終於琢磨出一套對付我們上司的方法了！」

據他形容，他上司常常突然開會決定了一個決策，就要相關人等加

班，如火如荼地趕工把決策的內容執行出來。但是大家除了自己手頭的工作不能耽擱，面對突然增加的工作也怕因為拒絕上司的要求而被貼上「能力不足」的負面標籤。

這正是很典型的「急驚風」主管。

於是幾次下來，整個部門的人常常是忙得人仰馬翻，上司還是不甚滿意。大家覺得這樣下去不是辦法，不但績效不好，而且大家都在不停加班，也影響了工作效率。

因此他們決定好，口徑一致，團結對「外」。這個「外」，就是該名「急驚風」主管。

「你們想到了什麼好辦法？」我好奇地問。事情不就是只有做與不做？有什麼辦法可想？難不成要改變上司的想法？這恐怕很難⋯

「團體作戰！」他很開心地說：「我們決定團體作戰。」

「你們本來就是個TEAM。」我失笑地說。

「在面對上司這件事上，我們誰都不想扮黑臉，誰都無法拒絕上司。所以呢，只要是誰比較倒霉在會議中被指派了這種「突發性」的任務時，就千篇一律地說：「我做當然很好，不過若是這工作一直只有我做，那就只有我清楚內容，恐怕對公司比較不好，不如把工作分開來大家一起做，也可以借助大家的經驗。」這樣一來，全部的人一起做，速度就快很多，也不用加班到三更半夜。另外，也會比較周全。」他解釋地說。

「大家肯幫忙嗎？」我懷疑地問。

「當然肯啊，因為誰都說不準下次被指派的就是自己。就當是個「工作互助會」吧！」他說。

「的確，大家一起做比較快。」我點點頭。

「是啊，雖然說大家本來手頭就有工作，又多了其他臨時的工作進來，免不了還是得加班，不過至少大家分工後數量會少很多，而且速度也

可以加快不少，最重要的是還能做得比較周全，省得每次都吃力不討好。有功大家一起享，有錯就一起擔囉！」他很開心地說。

由此可見，「分工」的確也是個好方法。上有政策，下有對策。

這類的上司常讓下屬把「忙」演變成一種習慣。下屬急就章地在極短的時限內把臨時交辦的工作完成，既不能有足夠時間把工作周全，也無法完整地把風險考量進去，當然無法得到完美的結局，因此不知不覺中把上司臨時交辦的事做得不夠完整。上司有微詞，自己又無形中變成了「窮忙」，這樣不過是雙輸罷了！

## 6. 有時會有「重複交辦」同一件事

這類型上司往往對下屬的工作範圍或是大家運作的方式不甚留心，甚至抓到人就開口問他想知道的事，也不太理會這事情是不是眼前這個人負責的。有時也會交代了A去做後，又交代B去做同一件事。更有時，甚至會跨級直接向下交代事項，打亂整個公司的作業流程。

你覺得很混亂嗎？其實這種狀況還真是屢見不鮮呢！

在職場上，一名員工向上跳過一層主管而越級報告，是不被允許的；在員工的觀念裡，也會認為越級報告違反職場倫理而盡量避嫌。可是相對地，主管如果向下越過一層幹部而越級指揮，也很容易被看成「不授權」、「不信任幹部」。可是，對於「急驚風」型的上司，卻很容易無意間這樣做而自己完全不自覺。

比方說，上司從大樓門口走進來，一進來看見警衛保全人員正在巡邏，他一眼看到所有盆栽排列得不甚整齊，而且盆栽上的樹葉已有些枯

萎，立刻指示：「怎麼會排得這麼歪七扭八？上面還有那麼多枯葉沒修剪，這是公司的門面哪！晚點兒有客戶來拜訪怎麼見得了人？」

於是，立刻揮手叫來幾名警衛保全，指示他們把盆栽整理整理，並且把枯葉修剪乾淨。上司站在一旁看到事情有人做了，這才安心地離開。

在這情況下，上司都開口了，保全人員能不做？當然召來幾個同隊人員立即著手去做。

可是，這並非警衛保全的工作。如果所有的警衛保全都來做這個事情，那誰來巡邏大樓安全？

接著，上司進了電梯，走進辦公室。一見到櫃台總機兼收發小姐便說：「記得等下收到信件時，如果看到×××公司的文件，那是急件，影印三份送到我的辦公室。」

而他繼續往辦公室走去，見到了坐在辦公室門口的秘書，立刻交代：「×××公司的文件影印三份，一份給業務部查存，一份給進口部查存，一份給你存檔，另外正本用印後寄回去。」

隔了半天，上司桌上躺著三份總機小姐送進來的三份影印本。上司拎著印好的三份拿出去給秘書小姐：「照我剛才說的把這三份分出去。」

秘書小姐一頭霧水地說：「我已經印好照您的吩咐分出去了啊！」

你看，這不是又來了？！第一，拆開公司文件，影印文件這些都不是總機的事，第二，這不是又重複交代了，總機影印三份，秘書也影印三份？

影印事小，若是遇到大事呢？

上司是個「急驚風」，看到一排盆栽的枯葉沒修，並擺放得歪七扭八的，等不及去找總務派工友來處理；看到總機兼收發人員，等不及見到秘書小姐就先吩咐自己有急件要影印；見到秘書小姐又等不及說明已交代其他人影印就交代如何分發文件。

這些事,不就是日常職場中常見的狀況嗎?

你該多問幾句呢?還是該立刻去做?或是該說「這不是我的工作」?恐怕都不恰當吧!

## 應對眉角 這樣和他打交道

### 1. 養成隨時把資料歸檔的習慣

養成隨時把資料都分門別類地整理並歸檔的好習慣,一天做一點就不覺得麻煩,可是一口氣要做完全部就會比較費工夫。

有兩個和尚,分別住在兩座山的廟裡。一個住在左邊的山,另外一個則住在右邊的山。這兩座山中間有一條小溪,這兩個和尚每天都在同一個時間下山來溪邊挑水回山上去。日復一日,一過就是五年。而日子一久,兩個和尚也變成了好朋友。

有一天,住在左邊山上的和尚下山來挑水,卻沒有見到住在右邊山上的和尚。當時住在左邊山上的和尚不以為意,覺得可能那個和尚今天有事吧!

可是接連著幾天,也都沒有看到右邊山上的和尚,這就讓他心裡覺得不對勁。

直到過了一個月,他心裡頭開始擔心地想著:「該不會是住在右邊山上的和尚生病了吧?」於是,他決定上山去探望他。

這個左邊山上的和尚便跨過小溪,往右邊山上走去。等他到了右邊山

上時，看到他的和尚朋友不但沒有生病，還正在悠哉地打著太極拳。

「你已經一個月沒下山挑水了，你難道可以不用喝水嗎？」左邊山上的和尚訝異地問。

右邊山上的和尚拉著他，笑著說：「我帶你來看看。」

於是兩人走到廟的後院，右邊山上的和尚指著一口井說：「這五年來，我每天都會固定花一點兒時間來挖這口井，如今已經大功告成了！從今以後，我就不必每天花時間下山去挑水了。這樣我就可以把時間花在別的事情上了。」

我們常常把手邊的工作檔案放著，心裡頭盤算著過幾天再一起整理就好了。

只是歸檔整理，有時只是一個小小的動作，可是我們常常會累積到一定程度，才肯一起做。一些小小的習慣，對你卻會有大大的幫助。尤其當你面對這類型「急驚風」時的上司，當他向你要你一些你管理的資料時，若是你能很快地就立即提供給他，他也會對你的效率另眼相看。

筆者舉個很有趣的例子，你先試著想想如果他是你的上司。

著名的美國汽車大王福特，他其實只受過很少的正規教育。第一次大戰期間，有報紙就用這點譏諷他，說他是個「無知的和平主義者」。這令他十分生氣，立刻向法院控告這名記者惡意誹謗。

在法庭上，對方的律師刻意向福特詢問一些對於有受過較多教育的人而言是屬於「常識」的問題，像是「英國在一七七六年派了多少軍隊來鎮壓美國？」或是「美國憲法第五條的內容是什麼？」之類的問題，目的就是要證明福特真的是個無知的俗人。

福特一開始還會耐著性子聽，但沒多久就忍不住了。他生氣地對著這

名律師說：「請容我告訴你，我的辦公桌上有一排按鈕，只要我按下某個按鈕，就能把我需要的助手叫進來，回答我企業中的任何問題。至於那些我企業以外的問題，如果我想知道，我也可以用同樣的方法知道答案。既然，我能夠隨時隨地知道我想知道的任何問題，難道僅僅為了現在要回答你，我就必須把那些東西塞到我的腦袋裡？」

如果福特是你的上司，那麼，你夠資格為他工作嗎？你能在福特按鈕一按，請你進辦公室，詢問你他想知道的問題時，這時，你能立刻回答出來嗎？你能否適應他的工作模式呢？

你平時一點一滴先把該整理的數據、資料、檔案都一一歸檔好。這樣，等到他想知道時，你就能從容不迫地隨時都準備好。

## 2. 常常表現出積極主動的一面

永遠在這樣的上司面前，展現你積極主動的一面。個性急的上司，通常思慮也比較快，你要學習積極應對，隨時跟上他的步調，以免讓上司覺得你效率太差。

如果，你是一個「急驚風」類型上司的秘書，打從一進到了公司開始，他就開始下指令：「先幫我沖杯咖啡。」然後第二句話就是：「幫我把今天要簽字的文件拿進來。」再來緊接著就是：「順便提醒業務部，下午有週會要開。」……

你覺得，此時一面交代你事情時的上司心裡在想什麼呢？

接下來我們換個場景，如果上司一進門，待上司一坐定你就主動地說：「早安，您的咖啡已經在桌上了。」接著，在他喝咖啡的時候把文件

遞上去說：「這是今天要簽字的文件，我已按照各部門類別分好了。」再來，你便繼續報告：「下午的業務會議我已經發內部郵件通知了。等一下我會先把資料送進來給您看一下。」

想一想，你是前者還是後者？你想成為前者還是後者？

再換個角度，如果你是上司，你想要哪個秘書？是前者還是後者？

一切都不言而喻了。

在職場上，一定要懷抱積極的心態，這樣機會來時你才有本事去敲門。

有兩家賣滷肉飯的小店，開在同一條街上。兩家的位置、口味、品質、來客數、服務其實都差不多。從表面上看起來，兩家甚至連生意也差不多。

可是每天結帳時，甲店總比乙店營業額要多出一些。這是為什麼呢？

當客人走進去乙店時，乙店的店員總是很熱情地招呼：「請問您的滷肉飯要加滷蛋嗎？」加滷雞蛋要加十塊錢，有的客人要加，有的客人不加，大約一半一半。

但是，當客人走進甲店時，甲店的店員同樣熱情地招呼，但問法大有不同。甲店的店員會問：「請問你要加滷雞蛋，還是滷鴨蛋？」滷雞蛋加十塊錢，而滷鴨蛋加十五元。愛吃雞蛋的就加滷雞蛋，愛吃滷鴨蛋的人就加滷鴨蛋，很多人都是在兩者當中選擇，當然，也有不加的，但畢竟比較少。

因此，一天下來，甲店的營業額總會比乙店高出一些。

你看就連小店家對客人的問法，也有主動出擊的亦或是被動選擇的呢！更何況職場呢？主動積極的人，可以獲得的收穫當然會比消極面對的人更多、更高。

如果上司是個「急驚風」，你千萬別當「慢郎中」。不然，你一定無法安全過關，

你也許是個思考較周全的人，當上司下了一個決策時，或是指派一個企劃案給你時，你會比較瞻前顧後，但是，請千萬不要露出「猶豫」或是「裹足不前」的神情。你可以在心裡盤算，你可以立刻用數字去說明你的困難，但是絕對不是慢條斯理地一臉無奈。

你可以從很多小地方培養你的主動積極。比方說，每天早上遇到上司迎面而來，不妨比他早三秒鐘說出：「早安！」；當電話沒有響，你不妨主動打電話過去問；遇到上司交辦棘手的事，也不要心存僥倖地等待他來對你說明怎麼處理，應該主動找上司問清楚細節……這些都是可以讓自己給人積極印象的小細節。

這類「急驚風」型的上司對你的印象很容易因為日常所見，而將你歸類於積極主動的那一類，覺得你能跟上他的步調，這樣相處起來也會格外順利。千萬不要讓他認為你是要推一下，才動一下的老牛，這樣即便你有滿腹才華，恐怕對你的職場溝通也會造成阻力。

## 3. 廢話少說，直接說重點

對於這樣的上司，千萬不要有過多不必要的廢話，所有的旁枝末節先擱一邊，每次開口一定要言之有物，有效率的對話對你會有加分作用。

面對「急驚風」型的上司，「說廢話」其實還挺扣分的。

什麼是廢話呢？就是那些對於目前狀況根本沒有用處的話。外國人在

「廢話」這方面就比較高招，他們會說「I see」，其實，這比「OK」亦或是「No Problem」更廢，因為前者的回答還不能表示你答應了，可是後面兩個用詞都有承諾的意思。當你向上司報告你的企劃案而要求撥一筆預算時，上司說：「I see」，不表示他贊同你了，但也不表示他否定了。但是當他對你說：「OK」或是「No Problem」，那表示他同意了。

但是有些廢話看起來好像廢，其實卻不廢，比方說逢年過節發些「廢話」簡訊，內容是廢話，但是那個訊息卻可以提醒收信人你的存在。

其實，在職場真正的廢話是莫過於指那些過於華麗的詞藻，或是曖昧而模糊的形容詞，或是用文字堆到的看不到底的未來，更或者是滿腔的不滿或抱怨。這類型的「急驚風」上司，通常是沒有耐性去聽你說這些。你不如直接切入主題，不當廢人，不說廢話，也不做廢事。

另外，在上司交付的任務中，切記一定要把重點強化。因為，這類「急驚風」的上司，往往目光都集中在「重點」上。如果在重點上有所失誤，或是邏輯有錯，那即便你細節做得再好，也是會被大大扣分的。

開口便是主題，手上拿的就是數據，不必說的廢話一句也沒有開口，他還沒有要資料前你便先遞過去。這樣的下屬，可以說最對這類「急驚風」型主管的脾胃了。

## 4. 弄清楚先後順序，別跟著他亂了

不要因為急切，而犯下「先穿鞋子後穿襪子」的邏輯錯誤。
這類型「急驚風」的上司常常會讓下屬覺得有種無形的壓力，來時一

陣風，要資料時也似一陣風，開會時也像一陣風，指派任務給你也還是如同一陣風，吹得你七暈八素的，快要失去方向。

但是千萬不要因為主管急你也跟著急，因為一急就容易出錯。尤其為了達到主管的要求，常常會犯了「先穿鞋子後穿襪子」的錯誤邏輯。這種邏輯根本的錯誤一犯，那所有工作就前功盡棄，一切就得重頭。

最近棒球運動十分熱門，不妨就舉個和棒球有關的例子。

有次美國職棒大聯盟的台灣左投陳偉殷，他在加入大聯盟的第一年，個人就為當時他的東家巴爾的摩金鶯隊贏得了十三勝，可以說是當時的王牌投手。

他的職棒生涯一路走來十分辛苦，高中時，就讀高苑工商王牌投手的他就是一位認真不多話的選手，只要有時間他就默默練習。如果沒有練習場，他就對著牆壁練球，一練習就常常超過一小時，練習完投球，就練習跑步，直到自己筋疲力盡為止。

他一心求勝，也一心想達到自己為自己訂定的目標。

有次，一位日籍的教練看到他不休息的練習時，建議他說：「你以後不要一練球就練一個小時。」

日籍教練為什麼這麼說呢？因為對於專業球員而言，雙臂就是他最重要的東西，也是他的所有。投手投球，是一種很耗費肌肉力與腦力的協調動作，應該要以十五分鐘為單位，練習十五分鐘就應該要休息、鬆弛。否則，不只不會進步，更會讓雙臂受傷。陳偉殷聽了之後，立刻改進，果然大有進步。

如果當時，陳偉殷的邏輯停在我要進步所以要不斷練習，卻沒有用正確的方法，那恐怕後果難以想像。

　　為了達成上司的目標，緩和上司的壓力，有人選擇先做那些看得到的表面工作，讓這類型「急驚風」的上司暫且安心，而對那些不會被看到的部分卻毫不費心耕耘。這樣到頭來，反倒是徒勞而無功。就好比上司在催你了，你急著先穿起鞋然後走路，卻發現沒有穿襪子，恐怕到時候還是得把鞋子再脫下來，重頭來過，穿上襪子再穿鞋子。

　　他「急」，你雖然不可以「緩」；但是也不表示你可以忽略一些應該有的細節而一味地求「急」、求「快」。

　　「急」要「急」得有先後順序，「急」也要「急」得有邏輯。

　　面對「急驚風」的上司，第一個要件就是要把自己鍛鍊得沈穩一點，盡量想得細緻、周延，做事情再細膩一些，上司越是急躁，自己更該懂得calm down，免得陷入混亂多變的指示裡，做什麼事都不對。

　　身為下屬的你不妨視事情輕重緩急，決定向主管回報工作進度的先後。比方說是一天之內可以結束的工作，自然越快處理完畢越好，沒有回報與否的問題。但是如果遇上了必須拖個兩、三天，甚至可能延續一星期以上的案子，與其「急驚風」的上司緊迫盯人，三不五時追討進度，還不如趕在主管開口之前，習慣性地每日向他回報最新發展，讓他安心。這樣你才能深得他的心。

## 這樣的上司教會我的事

- ✔ 「急」的時候,更要注重「穩」,先後順序,邏輯條理,一樣也不可少。

- ✔ 對時間的有效管理,以及懂得將工作進行良好分類,可以讓交辦工作進行得更順利。

- ✔ 即便在緊急的情況下,仍然不要忽略應該有的職場禮儀,這會讓與你共事的人感到愉快。

- ✔ 對工作「急驚風」,不代表就是馬虎草率,相反的,給團隊適當的壓力,也可以幫助團隊提升效率與成長。

- ✔ 讓資料隨手可得,隨時整理好,比「我立刻去整理資料」更重要,而這些都來自每天良好的工作習慣。

- ✔ 要訓練自己成為即知即行的行動派,不要在不知不覺中讓自己成為拖拖拉拉的溫吞派。

- ✔ 寧可如「急驚風」一般雷厲風行,也不要想了半天動也沒動的「慢郎中」,因為在行動中,才會發現錯誤,知道如何修正。

- ✔ 你可以「急」,但不要「躁」,前者加快夢想的速度,後者則會加快失敗的速度。

- ✔ 一件事,安排一個窗口,不要將一件事同時重複交給多人去做,否則不是三個和尚沒水喝,就是挑回來的水太多,徒然浪費資源。

- ✔ 克服拖延的習慣。想到就立刻去做,也許不夠周全,不過卻勝過坐在那兒想到頭髮發白,還一動也未動。畢竟,夢想是長在雙腿上的。

- ✔ 失敗的人習慣找藉口,他們總說:「我很忙,我盡快做。」而成功的人找方法,他們會說:「我馬上做。」

- ✔ 凡事提前做準備,事先先想好,即使只是提前一步都會讓別人對你主動積極的表現印象深刻。

☐ 你是否對上司的「急驚風」性格，感覺到壓力很大，有點兒跟不上腳步，而覺得很吃力呢？

☐ 你是否已經因為上司的「急驚風」性格，導致經常性地加班，甚至一週工作超過五十四小時，可是仍然覺得自己看不到前途？

☐ 你是否有習慣把歸檔的工作集中起來一次做，即使辦公桌都滿了，也會覺得有空再來處理就好，並認為這樣比較省事？

☐ 是否每次上司向你要資料時，你總是支支吾吾地說：「我還沒做完……」，然後心裡覺得上司很囉唆？

☐ 你是否曾因為「急驚風」上司的催促，情急之下，亂了陣腳，而不自覺會做出「先穿鞋再穿襪」的事？

☐ 你是否會常常在和「急驚風」的上司溝通時，說了過多不著邊際的話，或是用了一堆的形容詞，還是根本說了半天說不到重點？

☐ 你是否曾經與「急驚風」上司溝通時，發現上司神色中已經失去耐性，你心裡還覺得他根本不聽別人說話？

☐ 你是否對上司「說風就是雨」的個性深深不以為然，還是覺得我一定要慢慢地按照自己的步調來，這樣才顯得慎重與仔細？

☐ 你是否對於上司每次下決策之後，都必須要東修西改很不以為然，覺得他的態度十分草率？

☐ 你是否總在上司交代交辦事項後，才開始動手做，很少主動找工作做？一心認為多做多錯，少做少錯，不做不錯？

☐ 你是否因為很急，而忽略與同事之間應有的禮貌？或是，你有時也會因為情急，甚至以命令的語氣與同事溝通？

☐ 你是否對於你所提的方案，都有數據報表或是前例佐證？還是只是用一些模稜兩可的話語帶過？

第五章

# 遇到「吹毛求疵」型的上司，要學會「隨時報告」

Managing Up !

How to Get Ahead with Any Type of Boss.

　　小張剛畢業到一家飯店應徵工作，因為學歷不高，所以便從基層的服務人員開始做起。

　　剛進公司時，其他服務人員就好意提醒他，老闆每天早上都會到大廳來巡視，見到老闆有多遠就閃多遠。因為老闆既挑剔，又囉唆，即便沒事，只要被逮到也會少不了一頓訓話。

　　剛開始他有幾次躲得不夠快，硬是被老闆碰著了，因為一些小事被老闆唸了幾句，心裡頭很不舒服，也常常會暗地裡抱怨。每次被嘮叨完之後，心裡頭總是嘀咕著：「下次一定要躲遠一點兒。」

　　可是，隨著時間一久，他卻慢慢發現，每次被老闆唸了幾句之後，他總會多多少少得到一些啟示，或是學到一些事情。

　　因此，他開始「主動」找罵挨。當其他怕麻煩的服務人員一見到老闆便逃之夭夭時，他反而把握機會，立刻向前去向老闆打招呼，並請教說：「早安，請問今天有什麼地方要改進的嗎？」

　　起初，通常老闆會先板起面孔，接著指出一些要他注意的地方。小張在聆聽訓話之後，都會立刻改進，哪怕只是一個很小無關痛癢的細節，他也會盡心盡力地想方設法去做到。

　　小張之所以會這樣「主動」找罵，是因為他深深體會到像他這樣資歷很淺的服務人員，是很難有機會和老闆說到話的，如此也算是很難得的機會。

　　再則，向老闆請教，通常也可以一方面讓老闆觀察到自己的工作表現，這不也是間接向老闆自我推銷的好時機？

　　一段時間下來，老闆對小張的印象十分深刻。慢慢的，老闆每次對他有所指示時或是教訓時，也都會很直接地叫他的名字，告訴他有哪些地方需要改進。

他就這樣虛心且持續地請教了老闆兩年。

兩年後有一天，老闆對小張說：「我這兩年來長期的觀察，發現你工作相當認真、勤勉，而且對於細節越來越小心，我決定要你升為大廳經理。」

就這樣小張成為該飯店有史以來破格升遷且最年輕的大廳經理。

有時，當你被人挑剔、指責，甚至是吹毛求疵時，就如同正在接受另外一種形式的教育。

一年三百六十五天的不斷教育與學習，你怎麼會不進步呢？

## 發現問題了嗎？

很多人對於善於挑剔的上司，總是逃之天天，深怕閃避不及被逮個正著。可是，你可曾深入一層地去想，也許問題的所在，有時也是致勝的關鍵。

魔鬼不就是藏在細節中？

如果是你一眼就可以看到的錯誤，那表示別人也可以看得到，這種程度的錯誤就應該稱為「重大疏失」。而那些別人看不到的，往往是棋高一著的地方。

若你只是一味地用自己的偏見，把這類型上司的指責、批評當成是洪水猛獸，或是雞蛋裡頭挑骨頭，而不往深層去反省是哪裡功夫下得不夠深、哪裡真的做得不到位，這樣怎麼會有進步呢？

沒有任何一種成功是唾手可得，手到擒來，機會與進步，可是得踩著釘床往前行才能取得的。

# 「吹毛求疵」型上司的停看聽

　　有些上司的特長就是「批評指教」，即便你工作任務做得再完美，他還是無法控制地要講上幾句。講得少，便可以把它想成是另一種讚美，更別提你若是真的犯下錯誤的時候了。犯的錯誤小，那是要碎碎唸一整天；犯的錯誤若是比較大，恐怕到你退休那一天他還在叨叨絮絮地唸著。

　　「吹毛求疵」最早是出自《韓非子》中說的：「不吹毛而求小疵，不洗垢而察難知。」原意是教人家不要過於追求細節，而忽略了大局。然而，現時今日，有些魔鬼就藏身在細節裡，不揪出來還真不行，否則白白讓一顆老鼠屎，壞了一整鍋粥，那可真是得不償失。

　　因此，若是要一味把「吹毛求疵」看成是缺點，那就難免會失之偏頗了。不妨仔細觀察，也許你所認為這「吹毛求疵」的缺點，有時也恰巧是創造亮眼成績的優點呢！

　　細數一下，其實不光只有在職場上，有時在商場的談判技巧上也常會應用「吹毛求疵」這策略。接下來，我舉個在很多網路或是提到談判技巧中常常會引用到的例子。

　　美國某一蘋果園中的蘋果正值成熟期，果園裡穿梭著各家打算來採購蘋果的採購人員。其中有一家果品公司的採購人員來到果園，詢問果農主人：「請問一公斤多少錢？」

「1.6元。」果農斬釘截鐵地說。

「 1.2元可以嗎？」採購人員試圖議價。

「不，一個子兒都不能少！」果農很堅決地說。

目前正是蘋果上市的時候，果農預估自己的蘋果一定可以賣到好價格。

不久，又一家公司的採購員走上前來。

「一公斤多少錢？」這個採購人員問同樣的問題。

「 1.6元。」果農頭也不抬地說。

「整簍子賣多少錢？」

「當然全都是以整簍子賣的，零買的不賣，一樣是1.6元一公斤。」

接著這家公司的採購人員仔細地看著簍子裡的蘋果，慢慢地挑出一大堆毛病來，大小不均、蘋果顏色不夠好，品質不一……等等。言下之意，就是說你開的價格太高了。

然而果農不理會他的說法，在價格上一步也不肯讓。

採購人員卻不急著討價還價，而是慢條斯理地在其中一個簍子中，拿起其中一個蘋果在手裡掂著、端詳著，不疾不徐地說：「瞧，這顆的大小還可以，但顏色不夠紅，這樣怎麼在市場上賣到好價格？」

接著，又把手伸向簍子裡深一點的地方拿出另外一個蘋果，皺起眉頭說：「老闆，您這一簍子蘋果，比較上層的是大顆的沒錯，但是簍子底卻有不少小顆的呢！」

他沒有停下來，一邊說還一邊在簍子裡面繼續摸，一會兒，又掏出一個有損傷的蘋果說：「看， 這裡還有蟲咬過的呢。您這蘋果既不夠紅，又不夠大，算不上一級，勉強算二級就不錯了。」

這時，賣主沉不住氣了，說話也不像剛開始那般堅定了，語氣有點兒讓步地說：「你如果真想買，就出個價吧！」

雙方終於以每公斤低於1.6元的價錢成交了。

第一個買主講價遭到拒絕，而第二個買主卻能以較低的價格成交，關鍵在於，第二個買主在談判中，採取了「吹毛求疵」的策略，贏得了談判中的勝利。

商場上流傳著一句話：「嫌貨才是買貨人。」這不也是說明了「吹毛求疵」也是達到目的的一個手段？那麼，上司是不是也有時候亦抱著這種「不挨罵，不長大」的求好心態？

有時這類「吹毛求疵」型的主管會讓你頭疼萬分，或是恨得牙癢癢的，可是倒也不用全然把他視為缺點。因為如果你很負面地去看待，那麼，你在職場上的日子恐怕會度日如年。但是若能將自己的心態稍作調整，或是自己理出一套應對方式，那就可以駕輕就熟，從容以對。

其實，使人疲憊不堪的不是遠方的高山，而是鞋裡的一粒沙。如果你能夠因為主管的囉唆與挑剔而有機會把沙子挑出來，那也未嘗不是件好事吧！

## 你的主管是這樣子的嗎？

這類型「吹毛求疵」的上司通常有以下幾個常見的特質，你不妨可以對照看看，是否能在你的上司身上找到幾許影子。

## 1. 著眼在一些看似不是重點的重點

最近有個在網路上流傳的小故事，出處經過不斷地被分享與轉載，倒也不知道故事中的女主角是哪位了。故事說的是關於女士的優雅問題，十

分有意思，很適合在這裡作為例子。

有個年輕女子，在英國完成學業後，一次次在求職中被拒絕了，她估量著若是再找不到工作，恐怕就得收拾行李回國去了。某天，她又再次於面試中被刷了下來，原因是面試官認為她的形象和她的履歷不符而認為她不合適。當時，她低頭看自己的打扮，很明顯的，是因為穿著問題讓她失去了機會。當下，她認為她自己以優異的成績畢業，也同時具備很好的能力，若只是因為穿著問題而失去這個工作，她真的無法接受而非常氣惱。

她的房東莎琳娜太太是一個很苛刻的中年婦女。她規定年輕女孩必須在十二點之前熄燈睡覺，規定她如果不穿戴整齊不准進入客廳，更不准她用她的廚房烹飪中式料理，她甚至規定在客人來訪的時候必須塗口紅！

她當時非常討厭莎琳娜這種所謂的英倫女人的尊嚴。但所有人都說，莎琳娜是最好的寄宿房東。可是年輕女孩並不以為然，就好比，如果她上樓發出聲音，莎琳娜會站在臥室門口毫不留情地指責她。

那天，她剛剛洗完頭髮，坐在床上一邊看報紙的求職欄一邊吃著她帶回來的麵包，這行為嚴重的違反了房東太太莎琳娜的原則。她看到這一幕，就立即衝上前，一把奪過年輕女孩的麵包和報紙，用英文大吼：「你這個毫無素質的中國女孩！你滾出我家！」於是年輕女孩子一時氣不過，披散著頭髮，在睡衣外裹上一件大衣便離開了租屋處。

年輕女孩家並不窮，並且是以優異的成績和能力一路所向披靡，從來沒有人說過她素質差。她人生的二十五年來，她的母親一直告訴她，能力才是最重要的。她不能明白以貌取人居然可以成為一個理直氣壯的理由。她認為這簡直是對她二十五年的人生觀的侮辱！

她憤怒地走進一家咖啡館。由於天氣實在太冷，那天客人也很多，侍者以一種奇怪的眼神把她引到一個空位邊，那是咖啡館裡當時唯一的空位。

　　她的對面坐著一位英國老太太，衣著穿得十分講究，就像英國女王一樣尊貴與精緻。年輕女孩下意識地收起自己寬鬆睡褲下的運動鞋，並在無意間看到那位英國老太太裙子下穿著絲襪和漂亮高跟鞋的腿，以她這樣的年紀，卻仍然能把這樣的鞋子穿得非常迷人。

　　在歐洲，若是衣衫不整是會被拒絕進入高級餐廳的。她猜想她剛才能進得了這家咖啡館的原因大概是因為穿了價值不扉的大衣。她不由得暫時收起自己的憤怒，對侍者說：「給我一杯熱咖啡。謝謝！」

　　侍者走開後，對面的老太太並沒有正眼看她。而是從旁邊拿了一張便箋寫了一行字遞給她。那是非常漂亮的字跡：「洗手間在你左後方的轉彎處。」

　　年輕女孩子抬頭看她，她正在以非常優雅的姿勢品嚐著咖啡，並沒有看她半眼。當下她的尷尬難以言明，她第一次覺得不被尊重是應該的。

　　年輕女孩在洗手間的鏡子中看到自己的頭髮非常凌亂，鼻子旁邊甚至還沾了一點麵包屑！雖然她的大衣質地非常好，但她的睡褲被襯得很老舊。她第一次有點看不起自己。她這時才明白，這樣的打扮是多麼不尊重自己，以致於使別人覺得自己也不尊重她們。她想起下午去面試時自己穿著日常便裝，那應該也是對一個高級經理職位的不尊重吧？

　　當她再回到座位的時候，那位老太太已經離開了。那張原先留在餐桌上的便箋，多了另一句漂亮的手寫英文：「作為女人，妳必須精緻。這是女人的尊嚴。」

　　她逃也似地走出了那家咖啡廳回家去。莎琳娜正端坐在客廳裡等她，一見她就對她說她超過了十二點十分鐘才回來，所以明天必須去幫她整理草坪。女孩答應了她，並向她道歉。

　　慢慢的，她發現莎琳娜教了她許多其實是很有用的東西：十二點之前睡覺能讓人第二天精神充足，穿戴整潔美觀能讓別人首先尊重自己，穿高

跟鞋和使用口紅使她得到了更多紳士的幫助，她開始感覺自己的自信非常充足而有骨氣，她不再希望別人是必須看簡歷來判斷自己是不是有能力。

她最後一次面試，是一家大型化妝品公司的市場行銷員。得體的裝扮為她的表現加了分。那個精緻幹練的女上司對她說：「妳非常優秀，歡迎妳的加入」。

她沒有想到，那個上司居然就是那天在咖啡館裡遇到的那位英國老太太。

她非常有名，是這個化妝品牌的銷售女皇！

當那位老太太和她握手歡迎她的加入時，年輕女孩對她十分由衷地說：「非常感謝妳，妳讓我受益匪淺。」。

你在這個故事當中看到什麼？女孩認為的重點是能力，可是，除了能力之外，上司看到的重點是不是和你不太一樣？

有時你會覺得上司太過於挑剔，甚至吹毛求疵，連一些不是重點的重點也在囉唆，可是，看完了這則小故事，你還會覺得如此嗎？是不是魔鬼就在細節裡呢？

## 2. 過分強調細節，導致時間的浪費

不斷對你強調細節的重要性，有時甚至浪費過多的時間在琢磨細節上。

海爾集團（Haier Group），世界第四大白色家電製造商、中國最具價值的品牌，其總裁張瑞敏先生曾說：「什麼是不簡單？把每一件簡單的事情做好就是不簡單；什麼是不平凡？把每一件平凡的事情做好就是不平凡。」

這道理聽起來很簡單，但是要確實做到其實很難。

有的上司總是在看過下屬的企劃書或提案之後，一直推敲每個細節，重複琢磨每個細節，有時候讓人覺得在分秒必爭的今日，實在有點兒浪費時間。

事實也確實如此，有的上司的確有時會因為浪費過多時間，而失去最好的機會與最佳的時機。

至於，這種在細節中挑剔的人，孔子的學生曾參便是其一。《孔子家語》中有便有一篇講到曾參休妻的故事。

其實，曾參的後母對他並不好，還常常想方設法地為難他的妻小。按理說，曾參應該對他的後母諸多抱怨才對，可是，他卻仍然極盡孝道。早晚噓寒問暖，禮數從不欠缺，侍奉十分周全。

有一天，曾參的後母想吃梨子，但是因為牙齒不好，根本無法咬動梨子，因此曾參出門前便吩咐妻子去市場買幾個梨子，然後將梨子蒸熟給後母吃。哪裡知道等到曾參晚上一回家，後母就立刻很不高興地抱怨說他的妻子沒把梨子蒸熟就送來給她吃，讓她不但咬不動，還把牙齒咬痛了。

曾參一聽到後母的抗議，立刻把妻子叫來，狠狠罵了一頓，並且當場寫了休書把她休掉。

有人問他：「梨子沒蒸熟不過是件小事，又不是七出之罪，犯不著把妻子都休了吧！」

曾參卻不以為然地說：「蒸梨子雖然說是件小事，但是她連這麼小的事都做不好，那麼哪裡還敢指望她把大事做好？」

如果你的主管是這類「吹毛求疵」型的人，請問你是否從以上的故事中看到他的影子？在根本不算是細節的細節，主管卻會無限上綱，說得頭頭是道，好像這個細節沒做好，整個案子就會因此而毀掉；字沒有寫端

正，就好像是這個人的人品會很差勁；一個錯別字，就好像整篇文章全因此走樣；一份文件尚未歸檔，就好像所有資料庫都會混亂掉……諸如此類，如此地刻意誇大，讓你覺得簡直煩不勝煩。

# 3. 對話中很喜歡用「但是……」這兩個字

記不記得以前我們在學英文時，有一類句型叫「TAG QUESTION」？也就是在敘述事情時，用相反的語氣加一句「附加問句」。例如：

「你會彈鋼琴，不是嗎？」

「每個人都不應該這麼做，對吧？」

「你知道我說的意思吧，不是嗎？」

「你根本就不喜歡這些東西，對吧？」

在大多數的英文文法書上都是告訴我們，這些句子的意義是為了確認內容或只是強調自己的語意。

「吹毛求疵」型的上司也有他自己獨特的「附加句子」。例如：

「我覺得這個案子的主題是正確的，『但是』客戶的需求你一點兒也沒有考慮進去……」

「你這份企劃案的點子是不錯，『但是』在細節的部分可不可以再描述清楚一些……」「我說的你的確都修改了，『但是』有一些應該是我不用說你也該懂得卻沒有寫到……」

全都是有個「但是」的「附加句子」。那表示，他還不滿意，他認為應該可以更好。

他總會覺得哪裡還需要改進，即便有時他自己也無法明確說出來。

有個十分挑剔的富商，他吹毛求疵的程度，讓他的管家、廚師、佣人都十分傷腦筋。因為，只要這位富商一叨唸起來，全部的人都得遭殃，每

個人都會被他嘮叨一頓。

有一天廚師想到了一個方法，他對管家和佣人說：「大家都說吃東西最能讓人得到幸福，電視節目不是說了嗎？美食是種可以吃到肚子裡的幸福。主人喜歡吃牛排，我們今晚就安排一頓美食，讓他心情大好，那他一定就不會再唸我們了。」

於是，廚師打電話給他的老師，其他廚師朋友，到處請益之後，很有把握晚上一定可以煮出一道美味萬分的牛排大餐。

接著，管家盡心盡力營造出絕佳的用餐氣氛，佣人仔細檢查每個細節，務必使這頓晚餐可以讓富商心情大好。

果然，主人回家吃晚餐，享受美味餐點時，一句挑剔的話也沒有，還連連說：「好吃好吃，這是我吃過最美味的牛排。」

可是，就在他吃完飯之後，他卻很生氣地把管家、廚師、佣人都叫到面前來訓話。

大家都莫名其妙，這頓飯他不是吃得他滿口稱讚嗎？那還有什麼話好訓？

富商十分生氣地說：「這麼好的氣氛，這麼好吃的美食，我吃得很開心。但是，為什麼你們以前都不做，非要等到今天才做？那麼，你們過去豈不是在浪費我的薪水？」

大家聽了全都傻眼，原來，做與不做間，真的很難做！

這類的「附加句子」，通常在這種主管身上是屢見不鮮。

你今天送了企劃書上去，他有十個意見；等你修改了那十個意見，再拿去見他，這時「但是」這兩個字還是會不斷出現。

通常，有的人會出言反駁來表達自己的意見，有的人會自認倒霉地拿回去重新改過，有的人根本給他來個冷處理。

這些方法好嗎？雖然能解了眼前的煩惱，說不準會帶來更多的痛苦。

## 4. 他的字典裡沒有「完美」這個名詞

什麼叫做「完美」？大家的定義不同，然而很明顯地，在這類型上司的字典中並沒有這個詞彙存在。所謂「完美主義」，就是窮盡力氣去追求完美的性格。但是，「完美主義」對這類型的上司而言，無疑是夸父追日，他們的要求永遠比你能追求到的更高，即便窮其一身之力，也尚有不足。

有個男性友人對我說過一個很有趣的笑話，當時他想表達的是女士們在擇偶方面的挑剔，但是如果用在職場，也叫人會心莞爾。

有一家專賣「丈夫」的店在紐約全新開幕，女士們可以直接進去挑選一個心儀的配偶。店家入口處立著一個告示牌，告訴大家挑選配偶的規則——

一、每個人只能進入這家店一次。

二、店內共有六樓，隨著高度的上升，男人們的條件也越好。

三、請注意！你能在任何一層樓選一個丈夫，或者選擇繼續上樓，但你無法回到之前的樓層。

有個女人走進這家「丈夫專賣店」尋找一個老公。

一樓的門上貼著一張說明書。一樓：這裡的男人們有工作。女人看也不看地上了第二層樓。

二樓的門上也貼著一張說明書。二樓：這裡的男人們有工作而且熱愛小孩。女人又上了三樓。

三樓寫著：這裡的男人們有工作而且熱愛小孩，並有著極度好看的外表。「哇！」女人嘆道，但仍勉強自己往上爬。

　　四樓：這裡的男人們有工作而且熱愛小孩，並有著令人窒息的好看外表，還會幫忙做家事喔！「饒了我吧！」女人叫道。「我快站不住腳了！」　接著她仍然不放棄爬上了五樓。她唸著五樓的告示牌。五樓：這裡的男人們有工作而且熱愛小孩，並有著令人窒息的完美外表，還會幫忙家事，更有著強烈的浪漫情懷。女人簡直想留在這一層樓，就在這裡挑選她的理想配偶，但忍不住滿腔期待，想知道最後一層樓的男人會是如何地讓女人瘋狂，於是她前往最上層。

　　六樓到了，女人的眼前出現一面巨型電子告示板，上面打出一排字，說道：你是這層樓的第31456021位訪客。這裡沒有任何男人，這層樓的存在只是為了證明女人有多麼不可能取悅。感謝您光臨「丈夫專賣店」。

　　或許在你心中，你總覺得你改正了第一項錯誤，上司還會再找出第二項錯誤；等你修正了第二個問題，那他也還是有辦法找到第三個問題。即便你所有的錯誤都修正了，那他還是可以再找出細節中的魔鬼，就算不是魔鬼，只是個小妖怪，他也一定會揪出來嚴懲。

　　其實，在這類型的上司心中並沒有「完美」的概念，「完美」只是一個永遠無法達成的遠大目標。他們期待完美、追求完美，但完美其實在他們的心中永遠棋差一著。所以，請不要用很負面且消極的心態去面對，把它想成是一種追求更細緻功夫的磨練。

　　其實，只要你試著用這樣客觀且正面的思考方式去追隨他目標，而你自己也就等於是往成功的路上走去。

## 應對眉角　這樣和他打交道

# 1. 不要和上司置氣，請用高EQ來面對

你要先讓他明白你虛心接受他的批評，很明白地告訴他你會改進。

你以為和上司辯駁、起衝突，就會對事情有幫助嗎？當然不會。

辯解也有辯解的藝術，說明也有說明的方法。

其實，職場上到處都是喜歡和上司置氣的人。有的人是一時被唸了幾句，脾氣就順勢發作出來；也有的人是同一個案子被一改再改，覺得囉唆，順口就頂回去。

不論是哪一種，這樣的應對，只會讓自己居於炭火之上。

「孔融讓梨」的故事家喻戶曉，但是其實孔融還是個挺愛頂撞上頭的人，一天到晚要和曹操作對。曹操打敗袁紹之後，看中了袁紹的寵妃，便納為己有。孔融便很直接地諫言說：「武王伐紂成功後，把妲己賜給了周公。」這不就是諷刺曹操喜歡女色。

有一次，曹操認為喝酒誤國，所以對全國下了禁酒令。孔融這時又開口諷刺曹操說：「酒會誤國，你便下禁酒令。那麼，女色也會誤國，你怎麼不禁婚姻？」

幾番下來，弄得曹操顏面無光，最後，他便找個藉口把孔融殺了。

在職場上若不幸遇到這種「吹毛求疵」的上司，你不妨就把軍人那套順口溜拿出來用：「合理的要求是訓練，不合理的要求是磨練」。

上司不是你的敵人，你硬是要和他較勁兒，一定討不了好，即便贏了嘴皮，卻埋下了衝突與矛盾，你划得來嗎？

在西漢晚期的《說苑》中有一篇講到齒亡舌存的故事，其實，說的就是以柔軟的姿態，更能長存的道理。以職場的語言來講，也就是用高EQ的柔軟身段，會比堅硬剛直更能生存。

常摐是老子的老師，有一年，常摐病重即將不久人世，老子趕去探望。

老子扶著常摐的手問：「老師恐怕快要歸天了，有沒有遺教可以告訴學生的呢？」

常摐緩緩回答：「你縱然不問，我也是要告訴你的。」接著他歇了口氣，繼續問：「經過故鄉要下車，你知道嗎？」

「知道了！」老子回答道：「經過故鄉下車，也就是說不要忘記故舊是嗎？」

常摐微笑著說：「對了。那麼，經過高大的喬木要小步而行，你知道嗎？」

「知道了，」老子回答，「過喬木小步而行，不就是說要敬老尊賢嗎？」

「對呀，」常摐又微笑著點點頭。想了一會兒，常摐張開嘴問老子：「你看看，我的舌頭還在嗎？」

「在啊。」老子說。

「我的牙齒還在嗎？」

「一顆也沒有了。」老子恭敬地回答。

常摐問：「你知道是什麼意思嗎？」

老子想了想，回答道：「我明白了，舌頭之所以還能存在，正是因為它柔軟，對嗎？牙齒所以全掉了，也就是因為它太剛強了，對嗎？」

常摐於是摸著老子的手背，感慨地說：「對啊，天下的事情，處世待人的道理都在裡面了，我再也沒有什麼可告訴你的了。」

如果你懂了這個道理，那又何必對於「吹毛求疵」的上司感到氣惱呢？遇到這類的上司，先虛心接受他的指正，或是批評，甚至是挑剔。然後，正視問題，不厭其煩地把問題問清楚，即便一改再改，也要保持良好的態度。柔軟的態度是職商的重要表現，你具備了嗎？

老是挑毛病的人也是會疲憊的，他也會有時間限制，一個人如果耗去他一小時，一個團隊若有十人，也就是十個小時。試問，他一天有多少時間呢？

時間一久，你便會明白，良好的職商不但會讓你的溝通技巧更上一層樓，也會讓上司放心地把工作交付給你。

## 2. 不要輕言離職，滾石不生苔

不要動不動就說要離職，滾石不生苔，不斷地轉職就好像在原地跳高，而不設法往前走。

上司的種類那麼多種，這類「吹毛求疵」的上司也不在少數。朝正面的方向想，也許他的吹毛求疵會幫助你思緒更周全。假使在免費的社會大學中的職場科系裡，老師都不嫌你懶，那你這學生還有什麼好抱怨的？

然而在一些求職網站的統計中，和上司不和、與主管處不來常常是很多員工離職的主要原因之一。很多人總是以為上司囉哩囉唆地挑自己毛病，覺得上司根本是難搞，或是存心刁難，如果再遇到本身就自恃甚高的人，乾脆就山不轉路轉，另外找出路。可是，如果老是一遇到麻煩、難搞的上司就嚷著要離職，那就算就業網站的工作機會再多，恐怕也不夠你找。

日本作家本田有明曾經出過一本書「三年不辭職」，其中有提到日本有句諺語：「在石頭上也要坐三年。」（日文為「石の上にも三年」，原

意是指要像修行者一樣在石頭上坐三年，工作才能有所成就，類似中文「有志者，事竟成」的意思。）作者本因有明的意思是，無論做任何事，如果無法持續三年以上，就難以成功。一個工作，如果只做一、兩年，既無法發現其中樂趣，也沒有辦法有一定的成就。

一旦你隨隨便便，老是把離職掛在嘴上，那聽在其他同事或是上司耳中，請問對方做何感受？他們對你的評價又當如何？

千萬不要逞一時之快，為消一時之氣，以為「大不了辭職，不做的最大」。辭職事小，職場的學習，才是關於未來的大事。

# 3. 隨時報告進度，時時修正

在執行任務時，隨時報告進度，時時修正，讓上司覺得一切都在他的控制中。

如果往阿Q一點兒的方向想：每次只被唸個幾句，總好過一次被唸到死。

就算最後任務執行不如預期，那也早已向上司呈報，至少上司也較能諒解其中的困難之處。

大家都知道在職場上，要求一次把事情做好、做對，不僅可以讓上司對你另眼相看，也是最有效率的工作方法。但是對這類型的上司而言，這幾乎是不可能的事。因為，他希望藉由不斷的修改，從中找到對工作的安全感。

因此，對於這類「吹毛求疵」型的上司，有時隨時保持報告，也不失為一個好方法。小到只是一日便可以整理完畢的一份資料，大到需要兩三個月才能完成的一整份行銷企劃案。如果是一份很快就能完成的工作，完成之後必須立刻報告，而對於那些要花上一段時間的工作，就要不定時地

在會議中報告進度。

對於交給你去做的事，你目前處理的進度到哪裡，你的上司會非常在意。如果你能主動報告，他會感到安心。一般而言，若是需花上一週完成的工作，報告時間可以設定在第三天或第四天。若是需要花費一個月來完成的工作，可每隔十天報告一次。

其實，上司就好像是你的客戶，讓他挑剔，讓他隨時掌握進度，是他的權利。

上司若是隨時都可以掌握你的進度，他會隨時挑剔，你就即時更改，若真遇上棘手的難題，至少馬上就可以商量請示。

## 4. 勿陷入負面情緒而不能自拔

任何人被責備，難免都會不開心，但是千萬不要因此陷入負面情緒而不能自拔。保持開朗的態度，把這次的指責當成是下次不再犯錯的基準。時間一久，再被批評、責難的機會自然也會相對慢慢減少。

負面情緒就像個無法阻擋的洪水，常常會一發就不可收拾。最好的方法不是去阻擋它，而是去疏導它。

很多人在上司責備自己的時候，很容易就將所有的情緒都寫在臉上，總覺得自己的上司比公婆還難侍奉。把負面的情緒寫在臉上固然不好，但是如果把負面的情緒放在心裡，自己會更加苦惱，失意感會更加強烈，這會讓自己悶得透不過氣來。影藝圈流傳一個八卦的故事，名導演伍迪‧艾倫經常是票房毒藥，因為他的片子總是叫好不叫座，但他並沒有因為自己的票房不佳就被負面情緒淹沒而停止創作。有次，法國媒體戲稱他為「美國唯一的知識份子」，他本人對這玩笑話倒也不以為意，雖然他曾上過兩所大學，但都以被退學收場。

他自嘲地說：「法國人對我有兩個誤解，第一，他們僅僅因為我戴眼鏡就認為我是知識份子；第二，他們總以為我是藝術家，因為我的電影總是賠錢。」

大家反而很佩服伍迪‧艾倫能這樣調侃自己，既不失風度，也有幽默感。

當負面情緒來時，寬懷自解是良方。

負面情緒不但會讓自己不好過，更嚴重的是還會產生感染效應。美國有個心理學家加利斯梅爾曾提出一個長期的研究，是關於「情緒汙染」的效應──即使不管是怎樣樂天派的人，一旦受到了負面情緒的汙染，整天和愁眉苦臉的人為伍，心情也會越來越低落。

舉一個寓言故事，也正好可以說明這種情緒影響的重要。

有一個智者遇到死神朝著一座城市走去，他問死神要去那個城市做什麼。死神告訴他：「我要去取一百條人命。」智者聽了，立刻趕往那個城市去，提醒每一個人，死神要來了，並且要取走一百條人命。

然而，意想不到的事情發生了，這座城市竟然死了一千人。

智者去找死神問清楚：「不是說只取一百條人命嗎？怎麼會成了一千人？」

死神很平靜地說：「我的確是只要帶走一百條人命，但是大多數的人被你的提醒後，情緒變得很沮喪、很低落、很惡劣。就是這樣的情緒帶走了其他的九百人啊！」

所以，不要因為自己在工作上的負面情緒而影響了自己的表現，甚至，影響了整個團隊的士氣。

在職場上，上司一而再再而三地挑剔你的工作表現，你不妨先靜下心來，自己先好好檢討一番。等到明白自己哪裡錯了，再來修正。即便有不明白的地方，也可以多問幾次、問個清楚。等到事過境遷，不要耿耿於

懷，職場本來就是需要不斷學習。試著消化自己累積的負面情緒，否則，
等自己被負面情緒淹沒到積重難返時，對工作的熱情，對學習的欲望，也
都會一併被打到谷底。

# 5. 注意細節，減低錯誤率

　　既然上司「吹毛求疵」，請你就盡量減低工作上的錯誤率吧！即便不
能贏得讚美，至少也減少了被批評的機會。所以，呈交出去的報表、資
料、企劃書等等，請務必檢查再三。除此之外，也要多留個心眼注意一些
小地方。因為這類型的上司，眼光通常異常凌厲超過Ｘ光，小地方也是他
們絕對不曾放過的重點。

　　請再看以下這個有關「小地方」壞事兒的例子吧！
　　有一家生產醫療器材的工廠，一直很努力想要從美國某家知名企業引
進一條專門生產無菌輸液管先進流水線的技術。在經過長久的努力協談與
溝通交涉，終於對方願意點頭，答應與這家工廠進行技術合作。
　　在簽約的那一天，美國方面派了高層人員前來簽約，才剛進了工廠不
久，正在開會討論細節，廠裡的廠長忽然咳嗽了一下，頓時一口痰湧了上
來。廠長左顧右盼，一時找不到可以吐痰的垃圾桶，就不著痕跡地走到角
落，默默地把痰吐在牆角，並且用鞋底在地上蹭了蹭，把痰磨平，以為自
己做得神不知鬼不覺。
　　哪裡知道這一切全都看在這個美方高層人員的眼裡，他立刻皺起了眉
頭，不發一語。
　　這個輸液軟管是醫療器材，用來提供病人打點滴專用的，一定要完全
無菌才能合乎標準。但是在這個工廠中連廠長都這麼不注重衛生、隨地吐

痰，那工人豈不是更難以想像？在這樣的狀況下，生產出來的輸液管怎麼可能做到無菌？即使技術轉移過來，這工廠恐怕也未必能遵照標準流程吧！

於是，他當場改變主意，拒絕簽約。

你能說是美國方面的錯嗎？他們的顧慮是正確的，因為這是關係到安全問題與商譽。

你能說是美國方面太挑剔太「吹毛求疵」嗎？也不盡然，因為能在小處仔仔細細地放上心，那大處自然也就會順當許多。

就像筆者寫稿也是一樣的，明明經過第一校、第二校，都已經看了兩回了，第三次也難免還是會有疏漏的錯。如果你是個想省事的人，抱著只要做完便可以交差的心態，哪裡能把事情做得妥當？

有句話說：「面子是人家給的，臉是自己丟的。」這話雖然說得有點勢利刻薄了些，可是倒也是有幾分道理。你的實力如錐立袋中，別人自然會看到；但是錯誤呢？大家當然也是有目共睹，難道你還奢望大家都是睜眼瞎子，視而不見？因此，你應當多幾分仔細，不要做個「差不多」先生或「差不多」小姐。事情做仔細，做到位，自然「吹毛求疵」的上司也會減少對你「批評指教」的機會。

## 這樣的上司教會我的事

- ✔ 「大處著眼，小處著手」不因此而看不到大局，也不因此放過細節中的魔鬼。

- ✔ 可以關心，然而關心則亂，切莫因為關心過了頭而流於瑣碎。

- ✔ 隨時注意負面情緒的釋放，不要造成負面情緒的感染效應。這樣不但對自己的工作表現沒有幫助，還會影響到整個團隊的士氣。

- ✔ 成功不是偶然的，魔鬼躲在細節中。

- ✔ 大家注意到的通常是大事大綱，但是闖禍的往往是細微末節。

- ✔ 幫自己的嘴巴上一道鎖，被上司唸得煩了，千萬不要脫口便說出一些收不回來又沒有幫助的話。

- ✔ 有時上司表面的「吹毛求疵」，其實是當中隱藏了對你工作的期待與考驗。通過了這個考驗，你便可以得到他的信任。

- ✔ 對事情「完美」的標準其實是在個人，對於「差不多」的人來說，交待得過去便叫「完美」。

- ✔ 要求「完美」是合情合理，希望團隊發揮最大效益。但是，過分地「完美」有時不免會流於苛求。

- ✔ 使人疲憊不堪的不是遠方的高山，而是鞋裡的一粒沙。

- ✔ 透過細節看一個人，可以評價一個人對事情的處理能力，正所謂觀人於微。

- ✔ 被上司批評時，先冷靜下來想清楚上司的話是否有道理。若是有道理，那就是自己的不足；若是沒有道理，溝通技巧就是你的課題了。

- ☐ 你是否一遇到嘮叨囉唆、吹毛求疵的上司，便避之猶恐不及，盡量減少和上司接觸的機會？

- ☐ 你是否曾經轉過好幾次念頭想要換工作，只因為上司很難搞，覺得和上司周旋很頭痛？

- ☐ 你是否覺得你不論怎麼做，上司總還有錯處可以挑。即便挑到無處可挑，也還會補上一句「我就是覺得還是有哪裡不太對勁」？

- ☐ 你是否會因為上司的不斷挑剔、吹毛求疵，覺得非常沮喪，心情不好？

- ☐ 你是否認為在職場上生存只要有實力就可以了，身段柔軟是那些沒有實力的人才需要做的？

- ☐ 你是否很少注意到除了主題之外的事物？很少花心思在一些覺得無用的細節？

- ☐ 你是否覺得上司對自己的要求過高？心裡頭認為根本沒有人可以做得到？

- ☐ 你是否常常因為上司挑剔囉唆，心裡想反正送去的資料或提案總是會被一改再改，不如整個做完再交給上司？

- ☐ 你是否覺得上司反正意見一堆，所以隨時回報工作進度是一件吃力不討好的事？

- ☐ 你是否沒有正視過自己的職商，也沒有評量過自己在職場上的EQ如何？

第六章

# 遇到愛面子的上司，
# 記得隨時要帶著梯子

## Managing Up !
How to Get Ahead with Any Type of Boss.

　　曾經聽過朋友講一個笑話，是有關中國字的奧妙以及「愛面子」的上司。三個牛，「犇」字讀音同「奔」，如牛群奔跑聲；三個魚，「鱻」字讀音同「鮮」，如魚多味鮮之意；三個火，「焱」字讀音同「焰」，有熊熊火焰之意。

　　有一家公司招募了一批新進員工，全都是各個單位的基層人員。在新進人員的第一次會議當中，老闆一一點名，順便對員工勉勵一番。

　　當老闆點名點到其中一位員工：「李森」時，全場沒有一個人回應，鴉雀無聲。這時，有一名員工站起身來說：「老闆，我叫李淼（讀音同秒），不是李森。」

　　台上開始傳出細細的竊笑聲，老闆臉色顯得有幾分尷尬。

　　就在這個時候，一位機靈的年輕人站起身來。

　　「報告老闆，文件是我打的，我不小心把字打錯了，十分抱歉。」他一臉歉意。

　　老板揮揮手，只說了一句：「太馬虎了，下次要小心。」

　　接著會議就繼續進行下去。沒多久，這個聰明的年輕人就開始得到了老闆的重視，日後的升職加薪都少不了他。

　　慈禧太后愛看京戲，常常在看戲時賞賜台上伶人一些東西。某一次她看完當時負有盛名的京劇武生楊小樓的戲之後，把他召到眼前，指著滿桌子的糕點說：「這些是賞給你的，你帶回去吧！」

　　楊小樓叩頭謝恩，但是他不想要糕點，便提起勇氣說：「謝老佛爺恩典，這些貴重之物，奴才不敢承受，請您另外恩賜。」

　　「那你想要什麼？」那天慈禧心情不錯，並未動怒。

　　楊小樓大膽地說：「老佛爺洪福齊天，不知可否賜個字給奴

才。」

慈禧聽了，一時高興，便讓太監捧來筆墨紙硯。慈禧提筆寫了一個「福」字。站在一旁的小王爺，看了慈禧寫的字，悄悄地在她耳邊說：「福字是『示』字旁，不是『衣』字旁啊。」

楊小樓一看，這字寫錯了，倘若拿回去必遭人議論，這豈不是欺君之罪？不拿回去也不對，萬一慈禧太后動怒要了自己的命，豈不是更糟糕？要也不是，不要也不是，他急得直冒冷汗。

一時之間，氣氛十分緊張，慈禧太后自己也覺得挺不好意思，既不想讓楊小樓拿去了自己寫的錯字，又不好意思再要回來。

旁邊的李蓮英靈機一動，笑呵呵地說：「老佛爺之福氣，比世上任何人都要多出一『點』呀！」

楊小樓也是見過世面的人，一見到轉圜，連忙叩頭說：「老佛爺福澤深厚，這等萬人之上之福，奴才怎麼敢領受呢！」

原本慈禧太后正為了下不了台而尷尬，聽楊小樓這麼一說，就順水推舟，笑說：「那好吧，改天再賜你吧。」就這樣，李蓮英解了當時的窘境。

## 發現問題了嗎？

上述兩例，異曲同工，足見古今皆同。

表面看起來，兩個例子中都有個犯了錯誤的上司，還有個拍馬屁的下屬。但是，仔細想想，人難免都會有不小心犯錯的時候，其實有些不必太計較的小錯誤，實在沒有當眾指出的必要。做下屬的要懂得多替老闆留點情面，會讓老闆看到你的靈機應變、通情達理，更能突顯你處理事情的能力。

# 「愛面子」型上司的停看聽

愛面子這件事，究竟好不好呢？

可以說好也可以說不好，說是好呢，因為這跟「自己不想輸、不想被人比下去」的心態有關，具備激勵的作用。可是如果說是不好呢，也有人太過於放大這個部分而會有好大喜功的狀況出現。

有人把這種愛面子的心態擴大應用到商業上來，請看以下這個例子。

在當年智慧型手機尚未問世之前，根據銷售數字統計，在中國大陸賣得最好的是「翻蓋式手機」。你知道「翻蓋式手機」為什麼在東北亞地區，尤其是中國大陸特別流行嗎？但其實客觀來看，它在使用上並沒有特別地便利，或是有任何特殊功能。

恐怕很少有人想到，原因之一是與中國人的「愛面子」有很大的關係。據說，有一位手機經銷商告訴記者這之中的眉角在哪裡，「翻蓋式手機」在打開接聽電話時，會發出一聲清脆的聲音，容易引起旁人的關注。這會讓使用者覺得很有「面子」。

讓周圍的人發現自己正在接聽電話，或是讓周圍人注意到自己的手機，這是對這類愛面子的消費者最大的購買吸引力。

中國人常說：「人爭一口氣，佛爭一炷香」。凡事講求的都是不能「失了面子」，更不能「顏面掃地」。由此可見，「面子」雖然只是兩個字，卻是中國人「不能承受之輕」。

面子不僅僅會影響到消費者的的消費方式，也會影響到投資者的「理

財方式」，更重要的是，面子還會影響到我們在職場上的發展，甚至決定決策的態度。

面對一個愛面子的上司，你可以從旁提點，可以書面提醒，可以暗示，可以裝傻給他時間再想想，間接地讓他發現自己的錯誤……這些都是方法，至於如何運用，要看他愛面子的程度如何而定，或是看當時錯誤的大小與場合而定。雖然，面對一個愛面子的上司，有很多事能不能做要看你的判斷，但是有件事萬萬是不能做的，倒是十分清楚地，那就是當眾掃了上司的面子，或是事後和其他同事討論上司或老闆的錯誤並且加以批評。

「面子」這種東西，人人都喜愛，但是中國人似乎特別重視，也有自己一套標準。魯迅先生在他的一篇文章《說面子》當中精闢地說明著：「……相傳前清時候，洋人到總理衙門去要求利益，一通威嚇，嚇得大官們滿口答應，但臨走時，卻被從邊門送出去。不給他走正門，就是要讓他沒有面子；他既然沒有了面子，自然就是中國有了面子，也就是占了上風了。這是不是事實，我斷不定，但這故事，『中外人士』中是頗有些人知道的。」

聽起來有點兒諷刺，中國輸了美好江山，只要不讓對方走正門，那就算是贏了。雖然很阿Q，不過倒是很有趣的。

其實，也不需要將這「愛面子」的特質盡看成是缺點。希望在別人心中留下好的形象，希望在別人的面前有尊嚴，希望能得到別人的肯定，希望別人知道我有能力……這是一件再自然不過的事，因為人性本是這樣。

以公司的角度來看，還有可能會透過這樣的特質而有良性的競爭產生，倒也不是一件不好的事。在職場上不同的團隊，會因為「愛面子」所衍生的「不想輸」或是「不能輸」的精神，而產生拚命努力爭取勝出，這對公司也是有益的。

　　既然「面子」大家都愛，那麼在職場上遇到好大喜功，特別愛面子的主管，也就算家常便飯。然而，重點是你要如何應對？難道你需要如哈巴狗一般猛搖尾巴？當然不必趕著去當辦公室寵物。那麼又或者要立刻直言相諫，當場駁了他的臉？那自然也萬萬不必因此摔了飯碗。最好的方式是，人前給足他面子，私底下再以溫和的方式提點。然而，這當中最重要的拿捏就在四個字：「點到為止」。

　　上司就如同你的客戶，有句大家耳熟能詳的話：「客戶永遠是對的。」雖然，這用在公司上，未必能對公司有益處，因為上司也難免會有犯錯的時候，可是，要切記「有帆切勿盡往風裡駛」，只能在適時不經意地點出錯誤，讓上司自己發現錯誤，便是最好的方法。可以「得理」，但不只要「饒人」，還要「裝糊塗」！「理直」不只不要「氣壯」，更必須「假商量」。

 **你的主管是這樣子的嗎？**

## 1. 習慣給你美好遠景，讓你懷抱希望

　　請觀察你的主管是不是會不時勾勒出美好遠景給你，不管如何吹噓，都容不得你反駁。

　　有次，筆者在與幾位女性友人餐敘中，席間有人說過一句玩笑話：「上司跟你說我一定很快幫你加薪，幫你升職，就好像是男人對小三說我和我太太早已貌合神離，我一定會離婚娶你一樣。」

　　這句話聽起來無限諷刺，但是，現實狀況不就是這樣嗎？

　　另外一位則立刻深表同意：「張小嫻不是說過：『對於承諾，男人非常慷慨。男人一生向女人所許下的承諾，多不勝數，幾乎連他自己都忘

了。因為男人知道，女人的愛情，離不開承諾，沒有承諾，就是沒有將來。』咱們的上司不也一樣，若是沒有承諾，大家就很難做牛做馬！你看這承諾多划算，根本不用成本便可以讓員工開開心心地工作！」

有承諾，有遠景，大家才有努力的動力。但是當你太看重這類型主管給的承諾，可能將來難免失望的機會會大一些。這類型上司的承諾通常只是習慣或是手段，大可以言者無心聽者也無意，通常只有書面的才叫做承諾，你不妨把它當成是表揚。

可是也有例外的呢，舉個讓人感到溫暖的例子吧！

二〇〇九年有家知名的工廠無預警地倒閉，當時，近百名員工在工廠門口舉白布條抗議，造成轟動。在二〇〇九年七月二十二日的《中國時報》報導：

「國內省電燈炮先驅川石光電，位於田中工業區的台灣廠六月中旬停工，因勞工至今未拿到資遣費，勞資雙方多次協商破局，近百名員工廿一日到工廠門口拉白布條，縣府勞工處雖火速到場，但協調未果，勞方計畫舉辦遊行，拉高抗爭強度。

川石光電廿五年前從印刷電路板設計製造起家，後來跨足光源市場，因品質優越，屢獲PHILIPS、HITACHI、OSRAM等國際大廠的代工訂單，是國內省電燈炮的翹楚。

這樣一個大廠，卻在上個月中旬無預警停工，所有員工一夕失業。參與勞資協商的縣議員陳素月指出，據了解，該公司的資金缺口約有二‧五億，台灣廠歇業後恐怕很難再起。

由於資方並未發給遣散費，勞方向縣府勞工處申請調解，私下也與資方多次協調，但均未獲資方具體回應，勞方忍無可忍，昨日上午有近百名勞工前往工廠門口拉白布條抗議，並高喊口號『頭家無良心』『我要資遣費』！

　　轄區田中分局出動員警到場維持秩序，勞工處也派員火速趕到現場，試圖邀集雙方協商，奈何還是沒有結果；勞方揚言拉高抗爭強度，計畫申請上街遊行。」

　　本以為這件事多半就這樣落幕了，叫人不勝唏噓，甚至有員工認為老闆是掏空了資產到大陸享福去了。員工們感嘆自己為公司辛苦幾十年，後來發現只是一場空。

　　可是，這世界上還是會有記得承諾的人，會把自己的承諾支票兌現，只是遲了些。

　　誰知道這事兒並未落幕，隔了幾年，在二〇一一年八月二十九日的《聯合報》，我又看到了這則新聞的後續報導：

　　「兩年前，彰化縣省電燈泡大廠川石光電公司爆財務危機歇業，董事長葉昭欽在大陸滯留未歸，員工懷疑他在對岸『享福』；葉昭欽昨天委託兒子葉琮凱發放積欠的退休金、資遣費共一千六百萬元，拿到錢的一百六十一名員工直呼，『像中了大樂透』。『父親是實現他的承諾』，葉琮凱說，父親賣了土地、房產才湊了一千六百萬元，因為父親很在意當初答應員工，說只要給他時間，一定會償還。」

　　職場上會畫大餅的上司、老闆可能比比皆是，但是別忘了，也別一竿子打翻一條船的人哪！

　　不過，不管你的上司向你承諾了多麼地多，勾勒給你的遠景多麼美好，你也要保持頭腦清醒，也就是勿忘自重。不要把過多的希望寄託在別人身上，唯有做好自己的事，才能給自己希望，也會贏得別人的尊重。世界上的確是條條大路通羅馬，但是沒有那種一醒來便在羅馬的事。瓜熟蒂落，水到渠成，這才是不變的應對心態。

## 2. 常因無謂開銷而超出預算

每次企劃案或是提案常常會超出預算。然而憑心而論，你發現到其實很多費用都是用來撐場面的無謂開銷。

在歷史上，以好大喜功聞名的皇帝要數漢武帝劉徹最常被人拿出來說嘴吧，因為他連年征戰匈奴，弄得國窮民疲，民不聊生，晚年時自我反省了一番之後還曾經下詔罪己，便是著名的「輪台罪己詔」，若是以現實角度來看，實在於事無補。但是，若是以文學來看，倒是最完整的一份罪己詔。不論如何，他的確也檢討了自己。

可是，有的主管沒有劉徹晚年的自省能力，一開口就是「業績翻兩倍、利潤要加倍」，不然就是隨性之所至便發起一個「××專案」，或是「××活動」，非要將整個團隊從根刨起來，向犁田一樣全部翻動一次，彷彿這才叫進步。在這類型的主管眼中，沒有什麼不可能，但是這種「專案」「活動」來個幾次，師老兵疲，勞民傷財，什麼也沒有改變，不過是多花了許多冤枉錢，弄得大家敢怒不敢言。也因為這樣的「專案」「活動」不斷，所以編列的預算也永遠不夠用。即便編列了應有的預算，也一定還是會發生超出預算的狀況。

說個好大喜功因此引來殺身之禍的故事吧。

沈萬三是著名的「平民財神」，從明代中葉起就上了年畫。至於他的錢哪兒來的，真的沒有人清楚。最被人提到的莫過於是傳聞他有個「聚寶盆」。當然也有人說他是個「田喬仔」，也有人說他是捕魚致富的，更有人說他是躬耕致富的，總而言之，他的傳奇故事不勝枚舉。如何致富，實在眾說紛紜，但是富甲一方倒是事實。而故事裡最為精彩的除了他以「聚寶盆」富可敵國之外，多半仗著財富和朱元璋對立最被人們傳頌。老百姓的口耳相傳，成為茶餘飯後的題材。

其中有一段故事，是關於朱元璋建城的。金陵城原有十三座城門，南門叫就做聚寶門，據說是江南首富沈萬三蓋的，當然也是因為大家都謠傳他是因為聚寶盆致富的。朱元璋初定都南京之際，因為常年打仗，國庫空虛，就請巨賈沈萬三出資建築東南諸城。當時朱元璋的工程和沈萬山的工程同時開工，結果沈萬三因好大喜功，皇帝的西北城還沒蓋好，沈萬三的東南城就提前完工了。當然身為皇帝的朱元璋心裡覺得很不舒服。

明末《雲焦館紀談》敘述得很詳盡，朱元璋和沈萬三兩人同時約好一起開工，結果被沈萬三硬是要搶先三天完工。朱元璋在完工後的晚宴舉著酒杯對他說：「古有白衣天子一說，號稱素封，你就是個白衣天子。」因此，後來有人稱他為白衣財神。這話乍聽之下像是讚賞，但是對於心胸並不寬大的朱元璋實際上已經隱隱透出了殺機，一山尚且不能容下二虎，更何況一個國家豈能容許兩個天子並存？可惜素愛搶功，又不知謙讓還好大喜功的沈萬三並沒有聽出這弦外之音。

《留青日札》一書也曾提到，沈萬三在築完城牆後還不過癮，又主動提出要為朱元璋犒賞三軍，朱元璋這時再也忍不住憤怒地說：「朕有軍百萬，汝能遍及之乎？」也就是說我天子的軍隊那麼多人，你要犒賞你能賞得齊全嗎？十分狀況外的沈萬三竟然還很財大氣粗地說：「願每軍犒金一兩。」朱元璋說：「此雖汝好意，然朕不須汝也。」

言下之意就是，你有錢是你家的事，犒賞的事兒跟你沈萬三無關，也還輪不到你做主。無論沈萬三如何百般巴結，朱元璋對沈萬三早就心存芥蒂，幾次都想殺之而後快。這事在《明史‧高皇后傳》中也有記載，馬皇后曾替他求情：「妾聞法也者，所以誅不法也。非所以誅不詳，民富俟國，民自不詳爾，夫不詳之民，天有有之，於國法何予焉。」意思就是說，這人雖然富可敵國，可也沒做什麼違法亂紀之事，還是讓他自生自滅的好。

事情就這樣落幕嗎？其實沒有，心眼挺小的朱元璋怎麼會放過他呢？後來沈萬三便被找個藉口、安排個罪名，把他發配雲南充軍，財產半數充公。

沈萬山花了大把銀子，展現財力，好大喜功，卻得罪了上頭那一位，結果可能讓他後悔一輩子。

再回想一下工作職場上，如果你是上司，你可曾犯了這樣的錯誤？企劃案的預算不斷追加，還一副理直氣壯的樣子，很大氣地說：「追加就追加，你還怕花不起啊？」但是如果你是下屬，這類型上司的這等錯誤你應該也見識過吧！完全是因為好大喜功，一心想把場面做足，追加預算是理所當然的事，在他眼中有什麼比失了面子還更讓他難以接受的呢？

## 3. 給你不可能的任務

這類型上司很容易在誇下海口之後，轉身就要下屬去完成一些根本不可能的事。

很多上司在客戶或是老闆面前，很輕易地就拍胸脯保證，誇下海口一切都沒問題。回到了團隊中，才開始要求下屬或團隊務必達標。結果，每個下屬都聽得瞠目結舌，卻又不能不去做。

其實，所有的任務，都必須經過縝密的計畫，周全的討論，然後再逐步地落實。那些所謂突發式的「不可能的任務」通常只會出現在電影中，或是故事裡。在職場上，通常的程序是事前詳盡規劃，每個細節仔細推敲可行性，再來於執行中慢慢克服每個無預期的困難，反反覆覆直到大功告成。

然而，這類型的上司特別喜歡來上演這齣「不可能的任務」，不過很可惜，他並不是湯姆‧克魯斯，你也不是那個可以出生入死在槍林彈雨當

中奔馳的隊員。

有個很殘酷的例子，是和戰爭有關的，也是因為一個錯誤，讓國家蒙受損失，讓更多人死於戰場。

法國在二次世界大戰之後，一直在重整南亞的殖民地。其中，越南一直是殖民地的重心。而法越戰爭當中最關鍵的一役就是奠邊府戰役。這場戰役一直到一九九八年還被拍成電影。這一役的重要性是讓法國對越南的殖民統治告一段落，並且因此在日內瓦談判中劃分出南北越。

在這段戰役當中就有位曾經錯估形勢，誇下海口的砲兵司令查爾斯‧皮羅（Charles Piroth）。他認為自己一定可以戰勝這場戰役，因而犯下了巨大錯誤。

戰役開始前法軍低估敵人，對兵力、軍火、後勤、戰術的準備都不足，事先準備的增援、後勤補給能力也嚴重不足。在這樣先天不足的狀況下，法軍奠邊府砲兵司令查爾斯‧皮羅還是很有自信地對上司保證在如此地理環境下，對方最多只能有極少數重砲，以法軍火力可以輕易贏得勝利，甚至還拒絕高層為他增加火砲裝備。他完全沒有預料到越方已經擁有中國所提供的防空設備。使得法軍在空中的優勢大打折扣。

最後，誇下海口的砲兵司令查爾斯‧皮羅發現自己無法壓制越軍的攻擊時，羞愧難當，竟以手榴彈自盡。當時，法軍還悄悄地把他埋葬並隱瞞消息，以防止士氣瓦解。

當然，最後戰敗的這一役，也造成了往後法國在各地殖民地的陸續失守。

在職場上，當然不會有這種慘烈的下場，不過過於喜歡沒事在客戶或是老闆面前隨意誇下海口的上司團隊中工作，通常都是疲於奔命地在完成那種「海市蜃樓」般的目標。當一個團隊永遠在忙著幫上司兌現那些他任意開出的支票，還有多少精力可以放在那些實實在在可行的方案？上司如

果是個說童話的，請問員工得去哪裡找那個上司口中的美人魚呢？

# 4. 決策以「面子」為導向

　　這類型的上司所做的很多決定都是以面子為導向，功能性與實用性次之。

　　最近中國大陸流行起了炒作紅酒，但是有兩個很有趣的現象，都是跟「愛面子」的消費行為有關。

　　第一，根據法國企業國際發展局（Ubifrance）調查顯示，對中國金字塔頂端的消費者來說，葡萄酒酒瓶的瓶型比酒標以及葡萄酒的顏色更為重要。中國人的種種偏好對於波爾多和香檳區的葡萄酒來說是非常有利的。

　　第二：作為頂級葡萄酒的代表，拉菲一年產量只有二十多萬瓶，中國大陸一年便可以消費數百萬瓶，一個空的拉菲酒瓶，可以賣到兩千多塊人民幣。

　　就連普通紅酒，也出現因為莫名吹捧而身價暴漲的情形。一瓶折合人民幣十五元的進口紅酒，在中國大陸末端售價竟然高達人民幣五百六十多元，整整暴漲了三十七倍。

　　為的是什麼？「愛面子」的成分佔了很大的因素。很多人想藉由這樣的消費行為，達到自我認同。

　　這是消費心理學，可是在職場上，有很多上司也會有這樣的特質。很多的決策，往往是以「愛面子」為導向，而忽略了它的實際功能性及實用性。

　　這個理論更適用於女人買包包。女用包包的價格，從千元起跳，到幾萬塊錢都有，甚至凱莉包，柏金包幾乎是一台車子的價格，但是仍然供不應求，且要多年預購，可是仍然讓人趨之若鶩。很多女人買了昂貴的包

包，不是在於它可以裝東西，而是認為它是一種社會地位的象徵。

　　有時候，這類型的上司會做了「華而不實」的決定，理由很簡單，他會告訴你這是因為要「顧全公司顏面」。

　　同樣的，這類型的上司在做決策時，會先在他大腦閃過一個念頭：這樣做會不會失了體面。比方說：「這辦公室裝潢看起來很不氣派吧，客人來的時候怎麼辦？」抑或是：「這次商品的發表會一定要請明星代言，不然怎麼凸顯商品價值？」……等等。辦公室的裝潢，沒有先考慮動線與實用，先想到的是氣不氣派；商品發表會，先考慮到的不是如何將產品特性說明清楚，而是先想到要請知名人物來代言。所有會優先考量的，就是「面子」問題。難怪德國腸衣製造商Naimex Traider的大老闆曼弗雷德·格倫特（Manfred Grundt）當年將生產線移到中國大陸時說過：「在中國做生意必須清楚一點：中國商人是非常講面子的。」

　　不僅僅是上司，知名人物也會有因為愛面子而做出脫序的事。有個八卦新聞當時也喧騰一時，二〇〇四年六月份一位中國大陸央視知名主持人水均益，因在夜店鬧事而成了許多報章雜誌娛樂版的頭條新聞，一夕之間，他的主持人形象和未來的職業生涯也都蒙上了陰影。

　　事情的起因就在於水均益「愛面子」，他因為不滿從頭到尾，夜店的總經理都沒有來打招呼露個臉，因此他認為「太不給面子」了，於是一定要服務員去請總經理過來。當服務員回答說總經理已經休息了，水均益更因此大為火光。他認為總經理敢不出來見我，就是「不給我面子」。既然你不給我「面子」，那我自然會生氣，於是自己就得要去把「面子」給討回來，結果卻反而上了頭條新聞弄得自己丟盡了面子。

　　既然這種事是人之常情，也是人性的一部分，真的就不必太苛求你的上司。只要一切在「合理」的愛面子範圍，那就盡力配合。

# 5. 以「自圓其說」來面對自己的錯誤

「愛面子」的上司通常很難承認錯誤、面對錯誤。他唯一面對錯誤的方法就是「自圓其說」。

這類型的上司很難面對自己犯下的錯誤，要他們自己承認錯誤，那簡直是難上加難。有時，他們只能用「自圓其說」的方式給自己台階下。有時聽下來都覺得根本是「硬拗」，我們卻也不能不買單收下。但是，換個角度想，有時上司這樣的「自圓其說」法，也不失為一個好方法，免去了你的不知如何自處，也免去了他的尷尬窘迫。不如姑且把這種方式當成是一個處事的技巧吧！

從前，有個賣瓦盆的小販來到了市場，他為了能順利推銷出自己的那一擔子的瓦盆，便拿起自己的煙桿子開始「鏘鏘鏘」地敲著瓦盆，想要吸引過往的顧客。

他一面敲一面喊道：「聽聽看，我這瓦盆的聲音多結實啊！一聽就是好瓦盆。」怎料敲著敲著一下子用力過猛，不小心就把瓦盆給敲破了。

在一旁看熱鬧的人忍不住笑出了聲音。

他一看，不好了，但他立即不慌不忙地拿起破瓦片指給一旁的人看：「你們瞧瞧，你們看看這瓦片，棱是棱，角是角，燒得有多結實啊！」說完話便把破瓦片扔到了一旁的稻田裡面。

稻田裡面正在插秧的人見狀，立刻出聲抗議說：「喂喂喂，你把這瓦片扔到田裡，當心把人的腳給割傷了！」

他一看又出差錯了，連忙小聲地說：「沒關係，別擔心，這瓦片不禁泡的，一會兒泡了水就會散了。」這不是自打嘴巴嗎？

什麼錯都有說法，什麼錯都有梯子下，什麼錯都可以自圓其說。

這不就是這類型的上司在職場中常做的事嗎？

這類型的上司做了錯誤的行銷策略，便不慌不忙地告訴大家說：「哎呀，他們團隊的管理十分好，就是太保守。不敢大步前進，才會沒有辦法落實這個策略的。」若是做了不適當的人事調動決定，便從從容容地向大家解釋：「哎呀，她呀就是太好說話，做事不夠狠心，才會被別的同事影響，說實話她是很適合這個工作的。」遇到老外客戶出問題，就說是洋人太死板，不懂我們國情；遇到本地客人出問題，又說人家太土，沒有國際觀，十分迂腐。

反正橫竪都有話說，也都有理由，也都有台階，總能有一套說法。

這和那個賣瓦盆的，是不是有異曲同工之妙？

這類型的上司之所以這樣做，是因為他希望能掩飾他的錯處，也希望別人可以不要放大他的失誤。這個時候，你又何必處處表現你「洞察先機」，刻意識破他的「自圓其說」？ 若是你不識相地搬開了他的樓梯，等他下來，第一個修理的就會是你。

## 6. 總是把他自己放在騎虎難下的情況

「騎虎難下」在職場上有好幾種，有一種常見的是身不由己，比方說資源不足可是又不得不裝大方；有的時候一個上司會「騎虎難下」是時勢比人強；比較糟糕的卻是自己給自己挖的坑。

什麼是不得已的「騎虎難下」呢？比方說歷史人物李鴻章。他在自述當中就寫出他簽了那麼多不平等條約的無奈心情：「我辦了一輩子的事，練兵也，海軍也，都是紙糊的老虎，何嘗能實在地放手辦理，不過勉強塗飾，虛有其表，不揭破，猶可敷衍一時。如一間破屋，由裱糊匠東補西貼，居然成一間淨室，雖明知為紙片糊裱，然究竟決不定裡面是何等材

料。即有小小風雨，打成幾個窟籠，隨時補葺，亦可支吾對付。乃必欲爽
手扯破，又未預備何種修葺材料，何種改造方式，自然真相破露，不可收
拾，但裱糊匠又何術能負其責？」文中字裡行間都在表明這是非戰之罪，
他也是百般無奈。

的確，簽訂馬關條約，被世人痛罵這樣喪國辱權的割地賠款條約，他
又有多少選擇呢？

至於那些自己給自己挖坑的狀況呢？這類型的「愛面子」上司便常常
犯下這樣的錯誤。

有一隻年紀已經一百多歲的老海龜，趁著天氣很好，緩步地爬到沙灘
上曬太陽。因為年紀大了，所以牠緩慢地在沙灘上爬動著。當牠看到沙灘
上有好幾隻年輕的小海龜們在一塊大石頭上爬上爬下地玩耍，牠也想爬過
去，到石頭上面給這些年輕海龜們講講自己那些輝煌的歷史。哪裡知道才
剛剛爬上去，就因為動作不靈活，爬沒幾步便溜了下來。幾隻小海龜趕緊
過來說：「我幫您拉一把吧，您年紀大了，這兒比較高。」

因為牠平時十分注重自己的形象，一直想保有自己長者的風範。所以
他故作鎮靜地說：「我怎麼會爬不上去，我爬過的大石頭，恐怕你們連見
都沒見過的高呢！我只不過是先暖暖身罷了。」

因此，小海龜們只好作罷。老海龜繼續使勁兒往上爬，哪裡知道用力
過猛，一個不小心摔了下來，還四腳朝天，肚皮朝天空看。小海龜見狀，
趕緊聚過來要幫牠翻身。

「千萬不要幫我翻身，你們看今天天氣這麼好，我只是忽然想曬一下
太陽。好久都沒有感覺這麼溫暖了。」老海龜還是一派輕鬆地說，一面表
現出十分享受陽光的姿態。

因此，小海龜們就不好再堅持要幫忙，大家各自玩耍去了。

過了一會兒，小海龜玩累了，全都游回大海裡面去了。這時，老海龜

才開始努力地翻動身體，伸長了脖子，四肢在空中舞動著，拚命地翻身起來，只可惜都徒勞無功。

沒多久，幾個漁夫剛好經過，輕易地就把老海龜拎起來，放到身後的籃子裡。

這時候，老海龜後悔地想著：「若不是自己這麼愛面子，也不至於落入漁夫的手裡。」但是隨後，牠念頭一轉，立刻又安慰自己：「幸好自己被抓的狼狽模樣沒有被那幾隻小海龜看到，否則，多失面子啊！」

這個例子，便是那種挖洞給自己跳，讓自己陷入騎虎難下的典型例子。

明明知道公司不會同意這樣的交易條件，但是面對客戶又因為面子問題不想拒絕，最後十分為難；明明知道這樣的銷售價格並不能讓公司獲利，還有可能會有虧損，卻為了面子問題，不想讓競爭對手拿到這張訂單，於是硬著頭皮也要接下……不但欠缺談判籌碼，還不得不充面子，弄得自己騎虎難下。

面子的問題可大可小，如果只是小問題，其實無傷大雅。但是如果牽一髮動全身，影響到公司政策，那就是一個大問題了。

## 應對眉角 這樣和他打交道

### 1. 懂得讓利與讓功，別急著在功勞上刻自己的名字

任務完美達成，一定是「上司指導有方」。懂得「讓利」、「讓功」，會讓上司對你青睞有加、給你加分。你不會白白吃虧的，眼前一時的利不見得是利，上司心頭雪亮，你給足了他面子，自然他也會對你額外

照顧、視你為自己人。

最常被相提並論的兩個歷史的例子是龔遂銜命去平定渤海之亂，以及韓信和劉邦的帶兵之數的對談。為什麼常常被拿出來做對比？因為前者懂得「讓利」與「讓功」，而後者卻不諳此道，讓上司對他心有芥蒂。

先講講龔遂的例子吧，龔遂是漢宣帝時一名能幹的官吏，當時渤海一帶災害連年，百姓不堪忍受飢餓，紛紛起兵造反，而當地官員屢屢鎮壓毫無成效，束手無策之下，漢宣帝經由太守推薦，只好派年紀已經七十多歲的龔遂去任渤海太守。

龔遂清廉善治，以安撫招降替代武力鎮壓，很多事都親力親為不假他人之手，經過了幾年治理，渤海從原來的百姓民不聊生，成為了社會安定，溫飽有餘、安居樂業的局面，龔遂也因此聲名大噪。

不久，漢宣帝詔龔遂回京述職，有一個幕僚請求隨他一同回京城長安，並且告訴龔遂：「帶我去，對你會有好處的！」但是，其他人卻不同意說：「這個人啊，一天到晚喝得爛醉如泥，還是別帶他去吧！」龔遂卻說：「他既然想去，那就讓他去吧！」

到了長安之後，這個幕僚還是終日飲酒。後來有一天，當他聽說漢宣帝要見龔遂時，他立即請人去通報說：「去請主人到我的住處來，我有重要的話要對他說！」

龔遂不介意他的傲慢，還是來了。幕僚便問龔遂：「如果天子問大人如何治理渤海，大人應該如何回答？」

龔遂很自然地說：「我就說『任用賢才，使人能各盡所能，嚴格執法，賞罰分明』。」

幕僚聽了，連連說：「不好！不好！主人這麼說豈不是在誇讚自己的功勞嗎？還請大人這麼回答：『這並不是微臣的功勞，而是天子的神威感

化百姓！』」龔遂聽了便接受他的建議，按照他教的方式回答，宣帝聽了果然龍心大悅，便將龔遂升了官。

你現在不妨仔細回想一下，你遇到了龔遂的狀況，你會如何回答？你可曾做到「讓功」？還是迫不及待地「爭功」？

如果龔遂是個正面的例子，那韓信就是個反面的說明。

在職場上，作為下屬或是中層幹部，最容易惹這類型上司討厭的就是自表其功，自矜其能。劉邦曾經問過韓信：「你看以我的才能可以帶多少兵？」韓信估量著說：「陛下領兵最多也不超過十萬大軍。」劉邦接著又問：「那麼將軍你自己呢？」韓信想也不想地說：「我是多多益善。」對於韓信這個回答，劉邦一直耿耿於懷。

功高震主的危險，相信大多數的人都明白。一旦有了功，千萬不要自命不凡洋洋得意，而是要在人前不忘說一句「這主要還是上司的功勞，如果我一個人來策劃，經驗根本不夠！」這句話要是輾轉傳到了上司的耳裡，他便會對你的謙遜以及給足他面子，對你讚賞有加。

其實，這種方法不僅僅可以應用在「愛面子」的上司身上，對於你的競爭對手，也無往不利。

在二〇〇〇年的雪梨奧運的男子乒乓球單打決賽中，中國選手孔令輝十分艱難地以三比二擊敗被人稱之為「球桌上的莫札特」的華德納，拿下冠軍。當全民一陣歡呼鼓舞聲中，現場直播的總主持人白岩松說出了一句讓人很難忘的話：「我們感謝華德納……」

正如白岩松所言，正因為有華德納這樣強大的對手，孔令輝的技藝才能絲毫不敢鬆懈地持續進步。

把功勞「讓」給對手，既是大度，也有幾分事實。

## 2. 上司也會犯錯，錯誤要用暗示

當主管犯下錯誤的時候，要如何處理呢？是當面指出？還是委婉提出呢？究竟要如何面對頂頭上司的錯誤，才能既不會得罪上司，又能讓他心平氣和地接受你的建議呢？

如果一個部屬不顧一切地去糾正上司的錯誤想法，表面上是直言不諱，忠心耿耿的，但實際上是會讓上司丟了面子。即使上司因此了解了自己的錯誤，也不願或不敢把這樣的部屬留在自己的身邊，因為他會擔心自己的威信可能隨時會受到威脅。所以，發現上司錯誤的時候，盡量避免直接提出來。

首先自己先仔細想清楚，如果很確定主管的做法不對，可以採取一些合理的方式與他溝通，私底下邀他喝杯咖啡，不經意地委婉提醒，或借用別人的故事隱喻帶出。

適當地給主管一個台階，用更合理的方法去引導他，找出合適的方法去完善主管的計畫，並且切記別自做主張地替他做決定。這樣不是既維護了主管的顏面，又及時阻止錯誤惡化或發生，還能讓上司因此對你產生好感，何樂而不為呢？

原則是一定要維護他們的尊嚴。對這類型的上司來說，這是比工作本身更重要的東西。

上司也是人，一定也會有做出錯誤決策的時候。當上司的決策有誤，千萬不要「直言不諱」。要記得隨時帶著梯子，讓對方有台階下。這時候像「大環境的變化有時很難預測……」，「消費者的模式很難用公式來計算……」等這類場面話不妨適時稍加運用一下。

其實，上司的判斷會出錯的例子也是不勝枚舉，拿現在全球知名的飲

料可口可樂來當個有趣的例子吧，雖然他們現在的銷售量可以說是獨步全球，甚至股神巴菲特也對可口可樂的股票讚譽有加，但是，他們的決策者也曾犯過這樣的錯誤。

可口可樂在大多數國家的飲料市場，目前仍處於領導地位，可口可樂的銷量不但遠遠超越它的主要競爭對手百事可樂，更別提其他品牌的可樂。可口可樂的傳奇還被列入金氏世界紀錄。據說，他的配方被列為最高機密，至今無人能破解。

不過在一九八五年時，也曾經有過一度很緊張的時刻。當時百事可樂在年輕族群中越來越受歡迎，可口可樂十分擔心會被迎頭趕上，於是想方設法不但要保持領先，更要遙遙領先。於是，可口可樂做了「盲測」（Blind Testing），也就是把可口可樂和百事可樂的外包裝拿掉，讓消費者來選擇自己喜歡的可樂。決策者認為，去除掉品牌的光環，光看口味的真實性，才能明白問題的所在。

結果，讓可口可樂很錯愕的是，選擇較甜口味的百事可樂的消費者竟然多過可口可樂。

於是，當時公司的決策者決定調整可口可樂的配方，增加可口可樂的甜度，讓它更類似百事可樂的味道，稱之為「New Coke」。

沒想到結論是，非但不如預期受歡迎，還讓可口可樂的股價下跌，銷售直落千丈。幾個月後，可口可樂高層才趕緊立即彌補，再推出原先配方回到市面上。

原因是什麼？決策者其實是忽略了品牌價值。問題出在哪裡，後來的另一個測試找到了答案。有行銷專家找出了原因，當「盲測」時把瓶子都拿掉，大家會偏好百事可樂。但是，當你把瓶子裡面的可樂對調，大家還是喜歡可口可樂瓶子裡面的飲料。也就是說人們對 Coca-Cola 品牌的喜愛，勝過兩個產品之間口味的微小差距。

由於沒有足夠的資訊以及信心，企業的決策者做出了錯誤的決定，導致「New Coke」失敗，股價慘跌。

即便可口可樂這麼大的公司，有完整的市調部門，以及充分的資訊揭露，都可以在決策上有這麼大的失誤，那麼在職場上怎麼能期待一般企業的決策者、上司、主管能戰無不勝，攻無不克呢？

上司犯錯當然應當負責，如果身為上司做出這樣大的錯誤決策，那除了下台一鞠躬，實在難以轉圜，因為這對公司對股東的傷害難以估計。

但是，如果你的上司只是犯了一些日常的疏失，或是並不會對公司造成傷害的錯誤，那麼何不用一些比較具有同理心或是具有高EQ的話術，適時地給對方一個台階好好下來？

切記千萬不要一有錯誤就立刻指正，因為上司並不是請你來給他批評指教，也不是請你來和他較勁。這無關是不是逢迎拍馬，而是在職場上需要明白的「職商」。如果你可以用婉轉的話術來解決大家的問題，又何必非弄得大家劍拔弩張？尤其面對的是這種特別愛面子、重門面的上司，你要記得你是要把職場公關做好，並不想成為職場關公，切勿一見錯誤便揮舞大刀。

## 3. 在公開場合稱讚上司的成果

做員工的不必刻意狗腿地歌功頌德，亦不必獻媚，但是適時在公開場合稱讚自己的上司是絕對必要的。

上司之所以能成為你的上司，一定有他應有的能力程度。也許他的某些地方讓你看不慣，也許某些決策令你無法認同，但是，請不要用你的角度去看他的高度。即便他不是你的上司，但是，當對方做了很好的決定或

決策，或是擁有你所沒有的優秀特質，得到讚美是理所當然的事。

要看到對方的缺點很容易，因為你帶著放大鏡，只要有任何細微失誤，你很容易就會看到。可是要學會看到對方的優點，恐怕就不是那麼簡單了。

在職場上，我們和上司或是同事之間彼此存在著一種很微妙的關係，既是夥伴，又是競爭對手。因此，要能讚美對方，就更是困難。正因為困難，所以就更加珍貴。

有時，我們會擔心公開讚美上司容易招致同僚的輕蔑，認為自己是在拍馬屁。可是，當對方真的做出了很值得稱讚的事，難道我們最好的方式就只能保持沈默嗎？

所謂的公開場合的讚美，不見得是當著上司的面，有時候在上司的背後讚美他會讓他更開心。

當你讚美你的上司時，不妨讚美他的某些「行為」，而不是讚美這個「人」。這有什麼不同呢？比方說上司做了一個很正確的決策，或是達成了一個目標值。你可以說：「某某經理的這個行銷策略十分有遠見。」而不是說：「某某經理真的很厲害。」這兩句話有什麼不同？前者是對他這個「行為」表示讚美，而後者是以「個人」為出發點。前者有事實佐證，更具公信力；而後者感覺是比較針對個人，容易讓人以為你是在奉承他。

這樣的行為，必須是出自內心的，否則寧可保持沈默。因為當你是真心地讚美他，你的語調與心態，都會自然而然地表露讚許與認同。但是如果你只是迎合，那言不由衷的眼神或是態度，都會悄悄地出賣你，那麼，還不如不做。

當你指責別人的錯誤時，你是真心真意，而且迫不及待，那麼，讚美別人時為什麼不也用這種刻不容緩的態度呢？

## 😊 這樣的上司教會我的事

✔ 對於這類「愛面子」型的上司，你要隨時幫他準備好梯子，適時地讓他可以從半空中下來。

✔ 當這類型的上司在不經意的狀況下，犯下了某些不必計較的小錯誤，實在沒有當眾指出的必要。

✔ 做下屬的多替老闆留點兒情面，有時會讓老闆看到你的貼心與靈活，更能彰顯處理事情的能力。

✔ 不需要將這「愛面子」的特質盡看成是缺點，有時候，甚至以公司的角度來看，還有可能促進良性的競爭。

✔ 對這類型的上司，你的讚美要「恰如其分」，以免讓其他同事覺得你是在諂媚巴結。

✔ 對別人傑出的表現，不要吝嗇於給予讚美，尤其是這類型的上司，而且背後讚美往往會比當面讚美有更好的效果。

✔ 不要用放大鏡去檢視對方的缺點，也不要把對方的優點視為理所當然。

✔ 太過於愛面子往往會讓自己面子非但沒掙到，然後又失了裡子。最好的方法，是先有了裡子，這樣面子往往就自己送上門來了。

✔ 不要和你的上司較勁，上司之所以會在你的上位，那他一定有超越你的地方，只是你忽略了。

✔ 把功勞「讓利」給上司，既顯得你大度，也會讓上司對你刮目相看。機會總會來敲門的，但是不要沒弄清楚前，就隨便開門。

✔ 當你發現這類型的上司正在對他犯下的錯誤「自圓其說」時，請注意這不是「大家來找碴」的遊戲，不用你雞婆指正。

✔ 好大喜功是這類型上司的標準配備，你的工作不是潑他冷水，而是提一桶冷水在旁邊待命，以防火勢蔓延時可以救火。

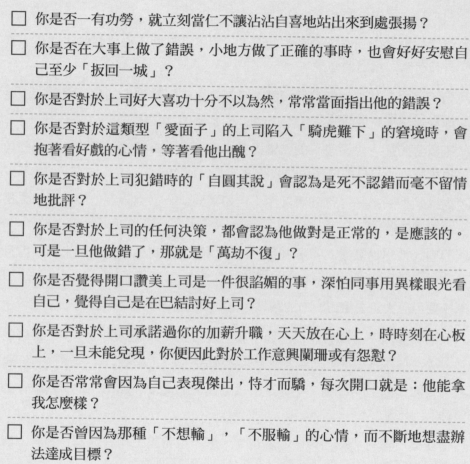

□ 你是否一有功勞，就立刻當仁不讓沾沾自喜地站出來到處張揚？

□ 你是否在大事上做了錯誤，小地方做了正確的事時，也會好好安慰自己至少「扳回一城」？

□ 你是否對於上司好大喜功十分不以為然，常常當面指出他的錯誤？

□ 你是否對於這類型「愛面子」的上司陷入「騎虎難下」的窘境時，會抱著看好戲的心情，等著看他出醜？

□ 你是否對於上司犯錯時的「自圓其說」會認為是死不認錯而毫不留情地批評？

□ 你是否對於上司的任何決策，都會認為他做對是正常的，是應該的。可是一旦他做錯了，那就是「萬劫不復」？

□ 你是否覺得開口讚美上司是一件很諂媚的事，深怕同事用異樣眼光看自己，覺得自己是在巴結討好上司？

□ 你是否對於上司承諾過你的加薪升職，天天放在心上，時時刻在心板上，一旦未能兌現，你便因此對於工作意興闌珊或有怨懟？

□ 你是否常常會因為自己表現傑出，恃才而驕，每次開口就是：他能拿我怎麼樣？

□ 你是否曾因為那種「不想輸」，「不服輸」的心情，而不斷地想盡辦法達成目標？

# 第七章

# 面對冷靜型的上司，
# 學會用理性的方式溝通

Managing Up !

How to Get Ahead with Any Type of Boss.

　　在某外商公司，有位在業界十分有名的主管，他從基層做起，聰明且努力。有關這位主管的風評不少，他為人冷靜，有人甚至會以冷漠來評價他，但是其中當然也有褒有貶。不過縱觀而言，還是讚譽多過批評。幾次也曾有獵人頭公司與他私底下接觸，但是他總是不置可否。或許有人會認為他城府很深，但是大多數人都給他冷靜、行事謹慎的評價。

　　某一年公司舉行大型的尾牙晚宴，其中一個負責尾牙抽獎活動的基層下屬偷偷的把幾個大獎的抽籤單子動了手腳，做了記號。恰巧這位主管剛好站在後台的角落，看得十分清楚，但是他當下卻沒有出言責備，也沒有聲張這件事，一切就好像當作沒有這回事發生一樣。抽獎活動照常舉行，理所當然的這位下屬也抽中了他原先就做了記號的籤，中了大獎，高高興興地把獎品抱回家。

　　後來這位主管一路往上升，多年後，他已經晉升到這家公司的副總裁。很多跟著他一路上來的下屬，也在他陸續的推薦中升了職，有的調到海外當了海外部經理，有的被調到行政單位當主管，只有這位曾在抽獎活動上動了手腳的下屬一直沒有被他舉薦，自然也還是一個資深的基層人員。

　　許多年過去了，這位下屬眼看同期的同事很多都被這位上司舉薦升了職，他覺得很不公平。他認為這位主管根本不懂他的能力，竟然讓自己成為遺珠。有一天他向另外一位同事抱怨：「我跟著這位主管工作最久，別人都被他舉薦了，只有我卻沒有，甚至連考核的機會都沒有給我過。他難道一點兒都沒有發現我的能力嗎？」

　　於是，這位下屬決定要去跟這個主管好好談談。

　　這位下屬便尋了個機會，在一次餐敘中，等到大家都散了場，

只剩下他們兩人，他認為機不可失。便很直接地問這位主管說：「我跟著您工作的時間最長，就連比我後來的人都被您推薦加薪升職了，您唯獨漏了我，這是為什麼呢？」

這位主管聽了只是笑笑，並沒有回答他，這舉動讓這位下屬更加不明白，因此不肯罷休，一再追問。

最後，這位主管便嘆了口氣說：「我本來不想說，但是你一定要我說，那我便告訴你吧！你還記得那年公司辦了大型尾牙抽獎活動的事嗎？那次是由你經辦的，你當時在抽獎的抽籤上做了手腳，你可知道當時我正在角落看著？我把這事藏在心中已經很多年了，我沒有告訴任何人。我一路努力工作，對自己的工作負責任，也推薦一些在工作誠實的人，我當然討厭不誠實的人。那我又怎麼可以推薦一個不誠實的人呢？現在既然說破了，看在你跟著我工作多年的份上，我會建議公司以最優惠的方案讓你優退，你離開公司吧。因為我既然揭發了你過去的事，你必定對於我或是對於公司都會有愧，留下來恐怕也是徒增尷尬吧。」

原來是這樣，這下屬後悔不已，便默默離開了。

 **發現問題了嗎？**

有時上司不說，不代表他不知道，也不代表他心裡沒有數。他冷眼地看著你的錯誤，冷靜地處理著你的過失，也同時在他心裡都有想法了。他原諒了這個行為嗎？並沒有，否則怎麼會擺在心裡這麼多年？他痛斥了這個行為嗎？也沒有，他不是也隱忍了很多年？

你以為他一看到你的錯誤便會忙不迭地指出嗎？這類型的主管就只會冷靜、淡地地旁觀著。

你以為他一看到你的優點便會立刻讚美嗎？他也許只是微笑以對。

如果這位下屬真的瞭解他的上司，那麼他就會知道他的上司對於他在

尾牙抽獎這件事動了手腳有多麼在意。開口去要求升遷，不但自取其辱，再也不能見容於他了。最後，只有離開一途。

　　然而上司為什麼不早說出來呢？就現實面來說，也許他覺得這個下屬還有用途，還可以留著做點兒事。也許，他覺得就這樣留著，反正也無大礙。

　　所以，在你遇到這麼「冷靜」型的上司時，在還沒有讀懂他最終的意思時，先別急著做出結論，稍微觀察一下，他應該會留下一點蛛絲馬跡可以讓你知道他的方向的。

# 「冷靜型」上司的停看聽

　　有的上司你很難從他的表情看出他的情緒，喜怒不形於色，寵辱也不驚。既然對方是個「冷靜派」，那麼在你還不明白上司真正心意前，你自然也不要把所有心思都掛在臉上。既然他是一本你很難從目錄或是大綱就讀得懂的書，那麼你就要耐下性子好好地把它讀一遍，再來下結論。

　　面對這樣的上司，先行表態通常不是一個好的方法。可是，他卻會用各種方式暗示你先行表態。因為，他想知道你心裡在想什麼。敵不動，我也不動，通常是教戰守則裡面最常講到的，其實，也不失為一個良方。

　　因此，當面對這類「冷靜型」上司的時候，與他溝通、說話時最好多給自己留個後路。

　　他的沈默，通常並不表示沒有意見；他的贊同，也不見得是完全同意；他的詢問，有時也只是想知道你真正的能力在哪裡。

　　如果是這樣，謹言慎行，按部就班往往就是個比較安全的應對方案。

　　有個成語叫「黔驢技窮」，其實是出自柳宗元《黔之驢》一文。原文很短，文中說：「有載驢入黔者。虎末會見驢，以為有能，不敢近之。及其久也，試近出其前后，驢怒而蹄之。虎喜曰：『技止此耳！』遂撲食之。」

　　短短的幾行文字，其實很有意思。意思是指，貴州本來沒有驢子的，但是偏偏有好事者載了一隻毛驢到貴州。當毛驢剛到貴州時，老虎因為從

來沒有看過驢子，也不知道這新來的到底有什麼本領，也不知道這傢伙有多少能耐。因此，老虎在當下選擇不動聲色地觀察，先在一旁靜靜地等待更多的訊息進來。過了一段時間，老虎故意在毛驢的前前後後繞了一下，挑釁了一會兒，毛驢發怒地叫了一聲，老虎嚇了一跳，接著毛驢生氣地用腳蹄子踢了老虎一下。這時，老虎露出了高興的笑臉，原來這毛驢也不過如此而已。因此，老虎很從容地撲上前去把毛驢吃掉。

故事中，老虎先觀察衡量狀況，不躁進，不仗勢，也不在情況未明朗前出手。牠冷靜地由觀察到的資訊來分析這之前未曾見過的毛驢是個什麼樣的「角色」。

在老虎尚未有把握之前，他只是不斷地製造機會去試探，卻不會貿然前進。

這只是一個我們從小就耳熟能詳的故事，它清楚說明了，遇到不清楚的事情，這類「冷靜型」的上司不會貿然地採取行動，他會先聽取大家的意見，小心地旁敲側擊，看看大家的神色，察其言，觀其行，最後才說出他的決定。他不是不把話說清楚，而是他認為還不到把話說清楚的時候罷了。

有時，你會因為他的冷靜沈著，誤以為他是對事情無感；有時候你會因為他的一絲不苟，誤以為他很機車。其實都不是，他只是希望把事情釐清之後，再做出決定。他的輕描淡寫，雲淡風輕的口氣不代表他不重視，他的平靜淡然，也不表示他不在意。這是這類型上司的特質，因為畢竟他會認為這是做事情，不是說故事，更無須灑狗血、做效果。

因此當你的上司是這類「冷靜型」的上司時，你要學會和他一樣凡事學會三思，因為唯有謹慎地思考，才可以跟上他的腳步，適當地與他互動、應對。

## 1. 多聽少說，喜怒不形於色

你的上司在會議中，是否總是很有耐性地聽你敘述完你的想法，儘管他聽得很認真，但是你卻無法從他的表情明白他的想法。

人在順境中會歡樂，在逆境裡會憤怒，其實這是十分自然的情緒表現。可是這類「冷靜型」上司的這種特質卻十分模糊，也許是壓抑，也許是天性使然，這在職場上也算得上是個優點吧！

試想如果因為上司的情緒過分放大，往往也會連帶影響到團隊的情緒或是表現，並且難免在記憶力、觀察力、判斷力上都容易有疏失。

話說三國時，諸葛亮雖然足智多謀，但是在年少的時候也曾有過沈不住氣的時候。有個有趣的故事，是和他總是拿著的那把羽扇有關的。歷史記載著，諸葛亮的妻子叫阿醜，雖然是個無鹽女，可是卻十分聰明，有過人的智慧與見識。有一次，諸葛亮去他未來的岳父家拜訪，因為那時候阿醜尚未過門，根據習俗未過門的女子是不能出來見客的。於是阿醜便躲在屏風後面，看著諸葛亮在大廳上和她的父親談論軍事，討論政治情勢以及自己的理想，也談自己的人生觀。阿醜看到諸葛亮談到孫權時眉開眼笑，談到曹操便面色凝重。後來，等到諸葛亮告辭離席的時候，阿醜便出來送客，同時遞給了他一把羽扇，說是要送給他的。

諸葛亮不解地問：「何故送我這把羽扇？」

阿醜回答他說：「今日我看你跟我父親談話，當你談到孫權時，眉開眼笑，喜不自勝。可是當你談到曹操時卻面色凝重。我把這把羽扇送給你，從今以後，不論你是開心或是生氣，就請你善用這把羽扇來遮掩你的表情，不要讓旁邊的人輕易讀出你的心思。」

　　這時候，諸葛亮才知道原來自己未來的妻子是有大智慧的。自己臉上的表情將內心的情緒與想法都洩露無遺了。雖然，世人都說諸葛亮很冤枉地娶了個醜女回家，事實上，他是娶了個很有見識的女人呢！

　　這類型的上司正像練就過後的諸葛亮，在他臉上看不到表情的變心。當你滔滔不絕地敘述工作上的意見，他會很認真地傾聽，同時也正在凝視著你的表情變化。甚至，有時你都不禁懷疑他到底是在聽你說話，還是出了神？其實，如果你在一邊敘述，一邊觀察他的表情，你會發現，他的唯一表情便是「沒有表情」。

## 2. 不輕易褒貶，不妄下斷語

　　你的上司是否喜怒不形於色，或者有時你根本覺得他是「面無表情」？無論他在嘉許你之前或是責備你之前，都會事先去了解一下狀況。

　　這種「冷靜」型的上司在面對下屬的過錯或是表現優異時，習慣性地會先跳脫眼前表面上的結果，他會直接分析整個事件的來龍去脈，先把自己的負面感受放到一邊，同時也會完全抽離個人喜惡。

　　因為他正忙著思考分析，想要弄清楚事情的始末到底如何。遇到錯誤，他會想要徹徹底底知道錯誤這個是人為的？是時勢使然？還是無法預期的？遇到成功，他同時也會想知道所有的事情是對的，是真的正確？還是包著錯誤的一層糖衣而已？

　　所以，這類「冷靜型」的上司有時在人際關係的互動中，常常會因為缺乏同事之間應有的人情世故，讓人感覺與他有很大距離，彷彿他高高在上，難以親近，自然而然也就成了大家口中的「不近人情、難以接近」之人。

　　如果上司把自己的喜怒形於色，其實也很容易引導著底下的員工朝上

190

司個人喜歡的方向去下工夫。

我記得很多年前大陸有部很受歡迎的歷史人物劇叫「宰相劉羅鍋」，這部戲講的是足智多謀的清朝宰相劉墉，他充分發揮他的機智，運用他的智慧，扮演好一個輔佐皇帝的好宰相，在適當的時候提醒皇帝的過失。

戲裡其中有一段單元，是講浙江的一名大官叫做孫有道的。孫有道這個人十分「崇尚」節儉。他不但要求自己「表現」節儉，也喜歡人家節省。因為十分流於表面，所以，劉墉相當不以為然。

孫有道只要看到下屬誰穿著補丁的破衣服，就認定他是節儉之人，便大力提拔那個人。孫有道自己也同樣是穿著有補丁的官服去朝見皇帝，並以此作為節儉的標識，希望塑造自己清廉節儉的形象。慢慢地，屬下都開始效法起他穿著補丁的破官服，用來表示自己很節儉，也同時表示自己很清廉。這種風氣一流行起來，有補丁的舊衣服一時之間洛陽紙貴。他的下屬還常常特地用高價去收購這些破舊衣服，或是把新的官服先故意在地上磨破，把衣服弄舊，再拿來穿。

這是因為孫有道的下屬都知道，只有穿著這樣的衣服，才有機會被上司賞識與提拔。

但事實卻十分諷刺，孫有道實際上是個不折不扣的大貪官，他的這些表現都只是要掩蓋他的貪污行徑。

故事沒到走到最後，你怎麼會知道表面的清廉是真的清廉？表面上的節儉是真的節儉？也許穿著新官服來的才是節儉清廉的官員呢！

這類「冷靜型」的上司，在你一達標時，不會立刻歡天喜地的稱讚你，他比較偏好先看清楚裡面有沒有灌水的業績；同樣的，他在你犯錯時，也不會不分青紅皂白地劈頭便給你一頓痛罵。他傾向先仔細審核，逐一評估，他要確定成功是真的成功，錯誤也真的是錯誤。這時，他才會以很平和的口氣給予你該有的稱讚或是責備。

# 3. 有時會讓你有被冷落的感覺

你是否有時候會覺得你的上司並沒有注意到你的工作表現或是冷落你？其實，這類型的上司心中都有一把尺，你的表現他其實是一清二楚的。

每個人都會覺得被上司冷落是一件很不好受的事，但是你需要明白你並不是明星，不會每天都有鎂光燈對著你照。尤其在這種「冷靜型」上司面前，常常會受到冷落，更是猶如家常便飯。也許你會認為有得意就有失意，有得寵就有失寵。可是，在這種「冷靜型」的上司面前，得意未必真的得意，失寵也未必是真的失寵。因為這類型的上司一直都是一個冷眼旁觀者，雖然沈默，但是不代表他會忽略每個細節。

以前我曾經服務過的一家公司，在六月畢業潮時應試了一批新人進來。

大多數的新人都表現得很積極，希望能在最短的時間，贏得上司的目光與青睞。年輕人出盡百寶，有時只要做得稍有成績，便一直緊張著上司是否注意到自己的表現。

但是職場畢竟不是學校啊，在學校你做對了，老師便給你拍拍手，你做錯了，老師立刻出言指正，甚至會一遍又一遍地教導你，直到你把事情做正確。

在職場上呢，你做對了，是叫做本分；如果不經意做錯了，那就叫過分。

那一年同期進入公司的新人中有一位業務助理，是個剛畢業的大男孩。他總是覺得他的上司都沒有注意到他的表現，因此，工作起來有些意興闌珊，也偶爾會向同期進入公司的其他同事抱怨著。

「反正呢，也不用太認真，交待的事情做一做，過得去就是了。」有

天中午休息時間，在茶水間聽見他對另外的幾個同期進入公司不同單位的同事說。

「怎麼了？做錯不會挨罵的啊。」其中一人說。

另外一人則問：「還是有功無賞，打破要賠？」

他一邊倒水，一邊很無奈地說：「也不是，只是我的上司還挺『無感』的。就好比前幾天，他臨時要一份資料，隔天要去客戶那裡做簡報。因為事出突然，我只好加了一整晚的班把隔天要的資料完完整整地做好，花了一晚上耶，哪裡知道他只是收下資料看過後簡單地說了句：『做完了啊！』，我當下覺得這班加得真冤枉。」

「我上司倒不會，他總是笑瞇瞇地說：『Well Done!』這點我的主管就比較讓人開心。」那人面露欣喜，一副「好家在」的模樣。

那個業務助理有點兒無奈地說：「可不是嗎？我當下真的好嘔喔！辛苦了那麼久，只換來一句『做完了啊！』覺得好像很不值得。」

我緩緩走出茶水間，其實，我與那業務助理的主管共事很多年，那位主管的個人特色是十分冷靜。所以，公司在很多需要上談判桌的場合，老闆也都會指派他去，十分受老闆器重。換言之，如果能夠在這位上司的手底下工作，倒是有很多機會可以學習到很好的談判技巧，也算是有晉升的階梯。

因此，我當時很想對那個業務助理說：你的上司是那種「冷靜型」的上司，別以為他都沒看到，只是他習慣「冷眼旁觀」，凡是先觀察一陣子再說。

可是，我還是打消了這個告訴他的念頭，因為，如果這個新人不能明白他的上司，不能學著讀懂他的上司，那麼我就算是講得再多也沒有用。

職場上有些事情，還是需要點兒悟性的。如果沒有悟性，那麼耐性至少還是一定得具備的。

# 4. 經常性地問：「為什麼你會這樣想？」

曾經有個朋友跟我抱怨過，她的上司每次聽她講完話之後，都會雙眼盯著她，然後問：「為什麼你會這樣想？」

「這句話讓我覺得很不舒服。」她很不以為然。

「為什麼？」我問她。

「覺得他咄咄逼人，給人很高高在上的感覺，有時甚至我心裡會想是不是自己說錯了什麼。」她顯然十分在意上司的態度。

「他有時可能只是就事論事罷了，別太耿耿於懷吧。」我試著寬慰。

這類「冷靜型」上司的第一個反應通常不是贊成，也並非反對，而是瞭解理由。

忽然想起曾經看一篇有關大陸百度在美國納斯達克掛牌過程的訪問報導，採訪記者當時訪問了很多位百度的老員工，這些員工因為百度的CEO李彥宏堅持他們要持有百度股票，而成為了百萬富翁甚至千萬富翁。他們對這位年輕的老闆只有一個印象就是：「冷靜得可怕」。

而在報導中，李彥宏果然具有這種特質，他總會先問這樣做的理由，以及你這樣做能為百度帶來什麼。這便是「冷靜型」上司的特色之一。

你是否會常常被這樣乍聽之下很「冷漠」或是缺乏「人情味」的言語左右你的情緒？同樣的，百度的員工也都覺得李彥宏總是和員工保持著一個「微妙的距離」。不是他冷漠，是他的表現都是理性而冷靜的。

當大家開會討論議題時，他心裡想知道的是你所抱持的理由。因此，無論你是提出新議題，或是贊成某項提案，亦或是反對某個決策，他都會先問清楚你的本意。

他討厭因誤解而造成的錯誤，也不喜歡先做評論。正因為如此，所以他常常會直視著對方問：「為什麼你會這樣想？」這類的問句。

因為，這類的問句，是瞭解你的想法最直接的方式。

他的程序很簡單，先聽你說清楚講明白，然後再用邏輯去推論這樣的理由是不是正確。

同樣的，在他把你的意見消化之後，他便可以很自信地表達自己的意見。然而，當他在提到自己的意見時，也會常常以「我的意見是……」或是「我的立場是……」為開場。這樣說的用意在於希望你也能夠同樣清楚地瞭解他的決策基礎，很清楚地明白他的結論。

這種溝通方式的好處在於它十分有效率，十分邏輯化，也十分清楚。可是，缺點是不免會讓人覺得刻板，或者是冷冰冰的、沒有人情味。

然而，就職場或是工作而言，這卻是個優點大於缺點的溝通方式。但是，如果在人情世故上，可能就會讓人際關係變得比較僵化，圓融度不夠。

如果你的上司是這類型的，那麼，你不必太放大去看待他的冷冰冰，那只是他習慣把一切都程序化、邏輯化。只要照著他的方式去做，不要太強求一些人情上的溫暖，那自然可以相處愉快。

## 5. 不到最後，不會知道他的結論

有的上司，只要聽他開頭說的幾句話，你就會大概猜到他的意思。但是，這一類型的上司卻正好相反，在他還沒有完整地說完整個陳述前，你根本不知道他的結論是什麼。不到最後一刻，絕對不會明白他的心意是什麼。

唐太宗貞觀年間，有個御史叫做蔣恆，也許很多人都沒有聽過，但是，只要一提到他是知名的宰相兼偵探狄仁傑的人馬，可能大家就比較會有輪廓。其實如果放到今日的職場上，他就是一個你不到最後一刻不會明

白他心思的人。根據《朝野僉載》中有提過他的故事，可以看到他的領導風格。在當時湖南衡陽的一家板橋客店發生了一起命案，店主人張迪在他妻子回娘家的那天晚上，於睡夢中被歹徒殺害。

當時店裡的夥計懷疑是當晚投宿客店的三名客人所為，因為這三位客人在張迪被殺害後就匆匆忙忙地離開店裡。於是店裡的夥計們便一起去追趕這三名嫌疑犯。等到一追上這三個人，發現他們身上不但都有刀子，而且還有血跡。二話不說，便合力把這三名嫌疑犯送往官府。他們三人一開始不承認殺人，可是在官府大人動用大刑之下，便坦承他們是兇手。官府大人就讓他們畫了押，然後吩咐捕快把他們三個押到大牢，等候處斬。

可是當時蔣恆一聽見這個案子，心裡就覺得蹊蹺，便到了衡陽來重新審查。

他一到了衡陽，便告訴當地官府大人先不要立即處斬這三名犯人，他要親自審問。官府大人不知道蔣恆的用意，卻也不能忤逆上司的意思。

蔣恆審問那三人：「你們當天晚上為什麼半夜離開了客店？」

那三人立刻跪下來說：「回大人的話，我們三人因為不是本地人，這次出來這兒做買賣，因為第二天要到六十里外的城鎮辦貨，所以才決定半夜就動身啟程。」

「那你們身上的刀子為什麼有血跡？」

三個人同聲地說：「我們真的不知道為什麼身上的刀子會有血跡！睡覺前我們都還看過刀子，沒什麼異狀，但是真的不知道怎麼第二天竟然沾有血跡！」

蔣恆什麼都沒說，只是要板橋客店的所有人第二天早上全都到官府來集合。

等到第二天，所有的人都到了，蔣恆只推說沒有全員到齊，就叫大家回家，次日再來一次。

就在大家都要離開退下時，他刻意留下了一個八十歲的老婆婆，並且和這個老婆婆說了一些無關緊要的事，很晚才讓她回去。老婆婆前腳才走出去，蔣恆立刻叫了一個捕快過來，交代他說：「你出去跟著，看誰是第一個過來和老婆婆攀談的人，並回來稟告我。」

捕快沒多久就回來跟蔣恆報告說：「老婆婆一出門，便有一位男子上前去問她大人和她說了什麼。」

蔣恆還是沒有多說，只是用這個方式來回了兩次。每一天都是把大家集合起來，然後留下老婆婆，再看看是誰在她剛一踏出衙門就去找她打探消息。

蔣恆叫捕快去調查這名男子和死者張迪的關係，才知道這名男子與張迪的妻子有私情，張迪還因此和這名男子起過衝突。

這時候蔣恆立即下令逮捕這名男子，因為他已經知道這名男子便是真兇，經過審問之後也確認這個男子正是殺人兇手。

你如果是蔣恆的下屬，你剛開始會不會有一頭霧水的感覺？那三個人都已經認罪了，還有必要再複審嗎？ 接下來，一連三天把一大群人集中起來，也不逐個問話，只是集中了再放回去，豈不是莫名其妙？還有，你會不質疑他為什麼要故意留下這個八十歲的老婆婆？

即便他在第一天就已經知道是誰向老婆婆問話了，他也要經過三天的反覆測試，才肯動手。

這類型的上司在職場上，其實不太會事事交代他的用意，也不會解釋每個步驟。通常他心裡有想法，就會一步一步用他的邏輯去證實，不到最後關頭，你很難知道他心裡的想法與結論。所以，你要先讀懂他的脾性，才不會自亂陣腳。

## 6. 言簡意賅，答案清楚明白

你如果勇於提出問題，他會言簡意賅地回答你。但是他一旦回答你，答案絕對是清楚而明白的，絕不會叫你空猜想。

有的上司喜歡打啞謎，可是如果你的上司是「冷靜型」的，他就不喜歡打啞謎。你有不清楚的地方，你可以大膽地直接問他。同樣的，他也會言簡意賅地給你一個簡潔有力的答案。但是，職場不是學校，請不要寄望上司會像學校的老師一樣逐字解釋。

有個笑話，是關於各國國情，可是卻還挺能說明這種狀況。

有一艘郵輪，上面乘載著來自各國的商人，正在開著商務談判會議。可是很不巧，郵輪遇到了暴風雨，隨時都有可能要沉了。

船長判斷形勢之後，緊急命令大副：「馬上去通知這些商人船快沉了，立刻穿上救生衣跳到海裡面去。」

幾分鐘之後，大副慌慌張張地回來報告說：「怎麼辦？沒有一位商人肯跳到海裡面。現在船越來越沉了，大家都還弄不清楚狀況，外面一片混亂。」

船長對大副說：「先去告訴英國商人，這是一項體育鍛鍊；然後再告訴法國商人，這是一件浪漫瀟灑的事；對德國商人就告訴他這是一項命令；對俄國人說這是一項革命行動。」

船長一一交代，時間緊急，這個傻傻分不清的大副來不及問原因，只好先一一照辦。

結果沒多久，大副再度回來報告：「報告船長，他們全都跳下去了。只剩下一個美國人。」

船長想了一下，告訴大副說：「對美國商人說，他們都有被保險了。」

果然，美國商人也跳下去了。

大副回來後問船長原因，船長忙著善後，只給他五個字的答案，那就是：「運用心理學。」

雖然這只是個笑話，可是充分表現簡單回答的妙意。

這類型的上司不會慢慢對你解釋，因為英國人平日最在意的就是體育訓練，所以在英國網球、足球都很風行；也不會對你說法國人浪漫多情，你這樣說正中他們下懷；更沒有空再跟你慢慢聊德國人是鐵的紀律，只服從命令；更別提要花時間對你解釋俄國人對革命的滿腔熱血。

你真的不懂，你就提出問題來，只要你問了，他便給你一個簡潔有力，對眼前事情有幫助的答案。至於，你能不能從答案當中去領悟更多的道理，那就要看你自己能讀懂上司多少。

## 應對眉角 這樣和他打交道

### 1. 無需過度臆測上司的心意

面對這種上司，無需過度臆測上司的心意，與其費盡心思去揣測他的心意，還不如把此番心思花在如何把份內的工作完成。因為這個類型的上司往往冷眼看著每個員工的工作表現，以結果來判定每個員工的能力。

正因為他處事冷靜、穩重，所以他習慣把個人的喜惡因素擺在最後。如果是這樣，你只需要知道讀懂上司的工作風格與默契，並不需要再去研究上司。

有一次台灣萊雅集團LUXE美妝事業部總經理的蔣喆敏在接受雜誌訪問時,也曾經提過這樣的看法。她在接受採訪時說:「揣測是很沒有效率的溝通法!」

你不懂,就發問。但是上司說了方法,你得去體會他的用意。

蔣喆敏在訪問同時也說了一句發人深省的話:「聽懂老闆說的話,難不難?難!重不重要?超級重要!但跟進入職場幾年有沒有關係?我覺得沒有!有些人都工作了二十年,該聽懂的話還是不懂!不是嗎?」

上司該說的話是什麼?這類「冷靜型」的上司通常覺得該說的話就是簡單明確地直接告訴你「方法」。那下屬該聽懂的話是什麼呢?就是去體會「方法」之後的「用意」。這道理就如同他告訴你,要搭飛機先得到機場,而如何到機場,那就看你的處理方式,有的人會搭高鐵,有的人會搭客運,有的人開車,也有的人會搭計程車……方法五花八門,他只在乎你的成果是不是有效率。

又比方說,你問他該如何達成目標業績?他可能只會簡單地告訴你可以提出新的產品線。但是什麼是新的產品線?那是你自己要去動腦筋的議題。你不需要去想,他是不是希望我從現有的商品去衍生?還是希望我另外開拓全新的商品?如果你花了心思不斷在揣測上司的心意,那就叫浪費時間。還不如仔仔細細去評估怎麼做最好,只要你做出了成果,即便那不是他原先所設定的,他也會給予肯定。

如果你勇敢提問,他也不會吝於給你一些指示和建議,但是怎麼走過去還是在於你的決定。他會在一旁看著你是如何走過去,然後對你的工作能力以及表現給予評分。

所以如果你的上司是這種人,根本就不要花太多時間去過度揣測他的意思是什麼。其實,他的意思很簡單,就是把工作做好。

# 2. 給上司的答覆要精確，不要隨口應付

當上司問你問題時，你可以回答：「等我確認過再向您報告。」但是千萬不要用隨口回答當成答案。因為這類型的上司十分在意你回答答案的態度。

他要的是精確的、正確的、無誤的答案，不是你那種：「如果我沒記錯，好像是……」的答案。這種模稜兩可的答案，他們無論如何是不會接受的。

很多人在上司突如其來的問題中會不知如何應對，只能努力回想然後憑著印象回答，先應付眼前窘境再說。殊不知這種心態的回答法，正是這類「冷靜型」上司最忌諱的事。

比方說上司問你：「新產品的銷售如何？」他期待你回答的是一個數字，比方說上市第一週銷售多少金額，第二週銷售多少金額……等等。

不過，我聽過最多的回答卻是：「應該還可以吧！剛上市，還是要再觀察一下！」

在這類「冷靜型」上司的耳朵中，這類的回答有答等同沒有答。

最好的回答莫過於說：「我已經有了實際銷售數字，等一下就送到您辦公室。等您看過，再看看銷售策略是否有要改進的地方。」

尤其是跟數字、金錢有關的東西，更是要如此。你可以當場表示你有報表，等到確認過後再呈報上去。這類型的上司特別喜歡精確的訊息，也特別討厭「還可以」或是「差不多」這種根本沒辦法掌握的話語。

有一次，有一個我直屬上司的秘書職缺，當時由我負責面試新人。

我問了幾個應試者一個簡單的問題：「請問你英打如何？中文輸入如何？」

我得到的答案大多是：「我可以的。」、「我的英打和中打都還不

錯，在學校就有學過了。」或是「英打比較常用，還算快，中打就比較少用，不過也尚可。」這類的答案。

聽起來也沒有大錯，可是有一個小女生給我的答案是：「我英打一分鐘九十個字，中文倉頡輸入大約五十字。有檢定證書。」

我當下便決定這位應試者應該可以當個很稱職的秘書，尤其我的直屬上司正是這種「冷靜型」的人。

「冷靜型」的上司不是要你來增加他工作的樂趣，而且是希望你能來照他的方式把事情做好。所以當他需要資料的時候，請不要隨便虛應故事，否則你就會在不自覺的情況下被他打入沒有功能的「黑五類」。

## 3. 避免情緒性字眼，以數據為主

每次提出報告都要有數據，不要用情緒化的字眼。可以有圖表，可以有歷史資料，可以有調查數字，但是不要有詞溢於情的文字，他想要看的是企劃、是報告，不是作文。因為這類「冷靜型」的上司，他們通常喜歡就事論事，他們也常常把自己的情緒放在工作之後，所以最好你也與他保持同樣的工作態度。

我們可以試著換個角度想一下，你的上司比你進公司久，看過的下屬更是形形色色，有的因為瞭解而存活，有的可能因為不瞭解而琵琶別抱，另擇高枝。換言之，他是個冷眼看戲的人，你如果是會寫一些「這方案一定會讓公司鴻圖大展，生意興隆，並且預估可以迅速成為市場上領導品牌。」之類文情並茂的企劃案，這類型的上司恐怕是不會買單的。

企劃案，不一定要長篇大論才引人入勝，千萬不要把這些垃圾字眼拿掉之後只剩下提案人名字，以及提案名稱。一定要佐以數據，如果希望能讓提案更清楚，可以用圖表，也可以運用市調數字，或是過去曾經有過的

參考數據，以及預估數字等等，清清楚楚表達你的主旨，請記得收起你的演技，這類型的上司並不是個喜歡看戲的人。

開會或是討論的時候，也以同樣的態度面對，一定要控制好自己的情緒，這類型的上司很不喜歡處理情緒的問題。同樣也會對情緒化的字眼敬而遠之，不論是天花亂墜、不著邊際的遠大理想，或是語氣激烈的批判諷刺。也許有的上司是喜歡人家調侃幽默，就好比乾隆皇因為鹽引之案把紀曉嵐發配邊疆，可是三年過去了，他總是覺得悵悵然，沒有個有趣機智文采不凡的人在身旁走動，總是寂寞，因此又把紀曉嵐叫了回來。但是，這絕對不是「冷靜型」上司的行徑。因此，你若確定你的上司不是好大喜功的乾隆皇，那請你就別扮演舌燦蓮花的紀曉嵐。

## 4. 上司未下結論前，先別急著開口

在上司還沒有全然表達或是陳述他的意思之前，千萬別先開口。與這樣的上司相處，請先用耳朵，不要先用嘴巴。

以前老人家總是說：「小孩子有耳沒嘴。」是希望小孩子別亂講話，因為小孩子還搞不清楚狀況，亂插什麼話呢？

同樣的，在你還沒有摸清楚上司的結論是什麼，又何必急著先表明意見？萬一來了個相反的立場，豈不是尷尬又沒有轉圜的餘地？搶著把自己放到這樣危險的位子上去，真是不智之舉。

很多人會覺得做事情嘛，就是要手腳快？所謂「捷足先登」，「早起的鳥兒有蟲吃」或是「先下手為強」等等。可是面對這類型的上司，只可能踢到鐵板來個「欲速則不達」或是「呷緊弄破碗」的下場。凡事不是只求快，更要求正確。你若是想知道正確的應對，就要先聽他把他的論述講完，只要他還沒有下結論，你就很難知道他要的是什麼。

有笑話一則也是關於太早下結論的，雖然他的上司並不是「冷靜型」的，可是也足以讓你知道先下了結論有時是讓自己出了洋相。

在第一次世界大戰時候，某國太平洋戰區司令接到了一封上級的緊急電報，說是要求這個戰區士兵去執行一項危險緊急的任務。於是，這個司令立刻集合所有的士兵，排成一列，把這個訊息告訴他們。

「現在，是我們報效國家的時刻，這個行動十分艱巨而緊急，但是也十分危險。可能是九死一生，但是身為一個軍人，這是一個英勇的行為……」接著他用鼓勵的眼神看著每一名士兵，然後繼續說：「如果你願意擔任這樣任務的，請往前站兩步……」

剛巧，這時候有另外一封電報進來，一位參謀進來與司令商量新的戰略。兩人交談了片刻。等到參謀走出營帳，司令發現所有人還是排成長長的一排，並沒有任何人比身旁的人往前站了兩步。

司令十分生氣，激動地說：「為國家犧牲，是軍人的天職，養兵千日，用在一時，國家遇到危急之時，竟然沒有人願意挺身而出……」

這時所有士兵面面相覷，最後，一名士兵委屈地說：「報告司令，我們每個人都往前站了兩步，所以……」

可不是嗎？看起來一樣，可是整個隊伍都往前移了兩步，這頓脾氣發的豈不冤枉？

在職場上，如果你的上司是個「冷靜型」的人，那你千萬不要犯了急著先下結論的毛病，當了那個尷尬的人。

## 這樣的上司教會我的事

✔ 學會多聽少說，下結論前先確定上司已經清楚地表達他的立場。

✔ 學會說話不拖泥帶水，避免敘述了一堆毫無重點的事。

✔ 學會要能很清楚地表達這樣做的理由，因為這是說服「冷靜型」上司的
不二法門。

✔ 當你不知道如何做的時候，最好的方法便是開口問。沒有必要拐彎抹
角，只要直接。

✔ 上司告訴了你方法，如同給了你釣竿，不要奢望他還要把魚釣上來交給
你。

✔ 學會在他沒看到的時候，也認真做事，因為他會用結果來評估你。

✔ 在職場上，「冷靜型」的上司看的是你的表現，不是你的演技，他是請
你來做事，不是來演戲。

✔ 不因上司的褒貶影響心情，你的成果會決定他對你的看法。

✔ 不要將「冷靜型」上司的人格特質當成是不近人情，因為這是他對所有
事情的處理方式。

✔ 你給「冷靜型」上司的答案，通常就要是「最後答案」，所以一定要先
確認過後再回答。

✔ 你是在職場工作，不是談戀愛，過度臆測上司的心遠不如把事情做好。

✔ 「冷靜型」的上司可以給你的工作放指示牌，可是他不會牽起你的手一
步一步帶著你走，你得學會自己找到路。

**1分鐘 test**

☐ 你是否在工作方面做出了成果，但上司沒有在第一時間嘉獎你而感到沮喪？或是你努力過後，沒有立刻得到肯定而感到失望？

☐ 你是否花了很多時間只為了琢磨上司的某一句話到底是什麼意思？

☐ 你是否曾在這「冷靜型」的上司面前因為急著表達自己的意見，最後才知道自己的策略是錯誤的？

☐ 你是否會不由自主地在這類型的上司面前表現自己對某個案子的喜惡，或是批判公司的制度？

☐ 你是否會因為要把提案做好，用了很多「廣告」性質的字眼來凸顯其重要性？

☐ 你是否會在每個小細節都要求上司給你指示，而無法自己做判斷，導致每天都是不斷在「請示」？

☐ 你是否會因為急於知道上司的最後答案，失去耐性地不斷問「請問為什麼要這樣做？」？

☐ 你是否仔細地評估過自己總是說太多而做太少？

☐ 你是否會覺得你的上司雖然在職場上很稱職，可是和下屬有距離，而因此覺得他不近人情？

☐ 你是否因為怕上司覺得你總在狀況外，所以當面對他突如其來的問題時，你總是先用模稜兩可的字眼先搪塞過去，想著晚一點再去確認資料？

# 第八章

# 面對食古不化的上司，你要學會舊瓶裝新酒

Managing Up !

How to Get Ahead with Any Type of Boss.

　　大陸的淘寶網是亞太地區最大的網路零售商，他們致力打造全球最大的購物平台，同時也是中國最大的付費機制。淘寶網由阿里巴巴集團在2003年5月10日成立，至目前為止淘寶網註冊的會員就已超過了5億人，幾乎涵蓋了大部分中國的網購市場。到了2011年交易金額已經達到了6100億元，占中國網購市場的80%。比2010年成長了66%。2012年底，淘寶網的單日成交金額已經不可思議地高達191億元。在成立當時，eBay的總裁惠特曼（Meg Whitman）就十分不看好，他曾說：「最多只能存活十八個月」

　　為什麼呢？因為他們完全像在遊戲，管理上一切都不按牌理出牌。他們完全不玩「食古不化」這一套，他們的管理是反方向的「倒立式」。

　　曾經有不少雜誌訪問過淘寶網成功的過程，他們有一些很有趣的地方，比方說，他們的主管和員工，都以俠客名稱互稱，像金庸小說裡的名字，就連創辦人馬雲都自稱是「風清揚」。所有淘寶網的員工平均年紀是二十七歲。他們對於過去資深員工的包袱，大聲的Say No！

　　他們不要員工用過去傳統的角度看事情，要擺脫傳統的包袱，新人在進公司的時候，他們訓練員工用新的角度看工作，嘗試去做自己沒有做過的事。

　　就是這樣一群年輕人，打造出了一個全球最大的金流支付工具「支付寶」，甚至超過了PayPal.

　　在淘寶網的公司中，設有內部的討論區，所有意見都可以提出來，下屬也可以公開批評主管的提案。據說，幾乎所有的主管都被「批鬥」過。在這裡沒有上司的權威，員工如果覺得自己的idea很好，也可以提出提案然後讓大家來決定，參加角逐寶座。員工

也可以選擇自己的工作夥伴是誰，要和誰共同來進行提案。

在某個單位只要做滿一年，你想轉調到別的單位去嘗試更新鮮的事，沒人可以阻擋你，也不需要得到上司的同意。只要你想去的地方的主管接受你，你就可以轉過去。當你覺得你自己有能力想要晉升，你也可以直接提出申請。

這一切都顛覆著傳統，很多傳統的公司會質疑，但是他們用著成績來證明一切是可行的。他們不是不想賺錢，只是他們不想用傳統的方式賺錢。顛覆著傳統，卻讓他們賺得更快。這樣的步調，剛開始市場都不看好，可是從長遠的路來看，卻激盪出更多的火花。這個火花帶來了更多商機。讓大家在同一立場上去競爭，去激盪腦力，去推陳出新。可是，會不會害怕玩得過火？這個阿里巴巴集團人力資源部平台副總裁盧洋曾經在接受平面媒體訪問時說過：「在一個程度內失控，沒有什麼不可以的。否則就不可能創新。」

### 發現問題了嗎？

「食古不化」的上司也許會讓員工覺得有安全感，但是安全不會讓人進步。也許「食古不化」的上司覺得守成比創新更重要，也更艱巨。但是，時代已經在改變，而且以迅雷不及掩耳的速度在改變。以前的名言或許是「得不到不可怕，守不住才可笑」，但是現在卻已改成「守得住很困難，衝出去才有活路」。

# 「食古不化」型上司的停看聽

俗話說：「山不轉路轉」，山不來你就跨步走過去，這是個常理，也是個變通之理，更是職場生存之道。「食古不化」，常常和「古板」，「冥頑不靈」被相提並論著。

海爾集團總裁張瑞敏說：「提出一個新觀念也許不算困難，但要讓人認同才是最困難的。」

就算下屬肯提出，有能力提出，願意花心思提案，也得要上司肯接受。因此，「食古不化」型的上司有時對公司是個阻礙。然而，有些企業的核心價值的確也是必須被延續、堅持的，這種拿捏就端看是否對企業在市場上的進步有幫助。

在過去數十年內，或是在未來的十年，一般企業都被迫以改變的方式來適應商場。也就是成王敗寇，如果不調適企業讓它成功，那就是敗下陣來；如果不是組織革新，那就是經歷痛苦的崩壞。因此，主管或上司的「食古不化」有時便會是一個最大的絆腳石。

歷史上總不乏一些食古不化的大型企業，因為無法及時進行組織更新而付出慘痛的代價，例如柯達（Kodak）、新力索尼（Sony）、希爾斯（Sears）、通用汽車、玩具反斗城（Toys "R" Us）等等，都曾經輝煌過，也曾經遇過極大的瓶頸。

我們試想一下，什麼原因導致這種全面性產業老化的現象？難道是因為全世界的高階經理人忽然間全都變笨了嗎？答案並不是這樣。

　　假如一度被認為會流芳百世的經營模式突然倒地不起，那最大的原因可能是因為環境發生了改變。一個適任的上司絕對不該是「食古不化」的，他應該是要能夠跟隨環境去「變化」的。

　　的確有時候，有些傳統是要堅持的，因為它代表的是一種精神，象徵的是一種傳承。

　　換言之，也就是企業核心是不變的，但是執行的方法卻是多元多變的。就好像要到達一個目的地是確定的，以前是牛車，步行，而如今你可以開車，搭車來節省時間。但是重要的是，目的地是不變的！

　　在六七年級生關於上個世紀九〇年代的記憶中，一定少不了柯達（Kodak）當年李立群那句：「他抓得住我！」的廣告詞，一時變成人家的口頭禪。柯達的前身是由發明家喬治・易士特曼（George Eastman）及商人亨利・史特朗（Henry A. Strong）於一八八一年成立，過去的一個世紀，柯達先後研發膠卷底片、彩色幻燈片、拍立得傻瓜相機等，其中底片更是創下佔全球底片市場的九成，使得柯達成為底片產業的龍頭霸主。

　　在一九九八年，柯達通過「98併購協議」，更進一步地拓展它的王國，它收購了除樂凱以外的中國國內感光材料行業的所有廠家，更於二〇〇三年與樂凱膠卷達成合作協議，進而在中國的感光材料市場上達到了五成以上的市佔率，比起老對手富士更具有絕對的市場優勢。這幾乎是柯達在中國最風光的時候。

　　作為有一百三十一年歷史的世界上最大的影像產品及相關服務的生產商和供應商，又掌握了中國這個巨大的市場，公司前途看起來一片光明，可是巔峰之後，要如何守成？這可比創業更困難呢！

　　接下來的發展非常戲劇化，也就在二〇一二年一月十九日，柯達公司向紐約州南部地方法院提交破產保護文件，理由包括專利權出售乏人問津、退休員工福利負擔沈重、經濟疲軟以及經銷商的背離。這一消息震驚

了世人。各界對柯達的評語只是一句：「柯達已經是一家沒落的公司」。

　　一個龍頭企業的倒下必然會讓好奇的人們尋根究底。大家推敲出其中的理由之一，也是比較讓大家認同的是：柯達公司在戰略方向設定出現了重大失誤，柯達沈湎於過去的豐功偉業，對於市場太依賴過去經驗，墨守成規，沒能及時跟上市場變化轉型，以至於臨陣措手不及、方寸大亂，最終沒有躲過經營失敗和破產的結局。

　　柯達公司高層因為公司的歷史養成了極度的自信。他們認為自己「底片之王」的地位不可能被任何對手影響，甚至說出了「美國人已經不可能購買除了柯達之外其他品牌的底片」的大話。

　　但是市場的瞬息萬變豈是可以預料得到的？眼看他樓起，也會眼看他樓塌。

　　清朝有本文言短篇小說，叫做《閱微草堂筆記》，專門寫一些奇聞軼事。算不上是什麼嚴肅的史料，收錄的都是一些小道消息，也就是八卦之類的。其中有篇就是在描述這種「食古不化」的人。這種人完全按照自己在古書中得到的知識，絲毫不懂得要按眼前情況來變通，將這種人寫得十分傳神。

　　在清朝有一個叫劉羽沖的讀書人，個性孤僻，專門喜歡講古制，是個食古不化之人，做人十分迂腐，雖然說是喜歡研讀古書，但他的文采也普普通通，他的詩作也不過就是爾爾。

　　平時與他吟詩唱和的朋友紀厚齋就曾在劉羽沖請畫家畫的「秋林讀書圖」上幫他題詩一首相贈：「兀坐秋樹根，塊然無與伍，不知讀何書，但見鬚眉古。只愁手所持，或是井田譜。」意思就是在勸他做人不要過分的拘泥古書，詩中所說的井田制都已經廢除幾千年了，難道還要抱著不放嗎？意思也就是很多制度是過去了，現在也不流行了，甚至也沒有了，不要死抱著不放。

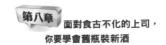
換言之，劉沖羽的食古不化已到了人盡皆知的地步，連朋友都看不下去而題詩相勸了。

有一回，他偶然之間得到一部古代兵書，便認認真真地埋首苦讀了一年，研讀了一年之後，便自認已經得到書中的精髓了，具備了可以統率十萬大軍的能力。剛好這時有土匪造反了，劉羽沖便訓練了一支由鄉兵組成的隊伍，前往鎮壓，結果全隊潰敗，而他自個兒也差點兒被擄走了。

後來，他又得到一部古代水利著作，同樣又精讀了一年，並再次聲稱自己可以把千里貧瘠土壤改造成良田。州官看他說得口沫橫飛，便讓他在一個村子裡先試驗，結果溝渠剛剛挖成，正逢天降大雨，洪水便順著渠道灌入村莊，村民們還險些全被淹死。

從此之後，劉羽沖便一直悶悶不樂，每天總是獨自漫步在庭院裡，走來走去，成天只是搖頭嘆氣，喃喃自語地說：「古人怎麼總是在騙我呢？」不久便抑鬱而終。「古人豈欺我哉」，這句話是在原文中出現的話語，可見他到死了都放不下，也想不明白啊！

盡信書不如無書，什麼都全然依靠過去的經驗，而不評估現在時事已變遷來因地制宜，或是因時制宜，那你所做出的不過是不合時宜的決策罷了。過去的經驗具有參考價值的確是不容置疑，但是眼下的變化卻也是千真萬確的。

你上司的「食古不化」也許是因為公司文化，也許是因為過去有太多成功的經驗，也許是因為資歷已深，然而不管是哪一種原因，這對企業都不是好事。

你在和這類上司過招時，應該注意的是他的「食古不化」真的是對於市場瞬息萬變的不了解？還是來自希望對某些核心價值的傳承？前者會讓企業僵化老化，不斷凋零；然而後者卻會讓一個企業發光發熱。

身為下屬的你，請先讀懂上司的「食古不化」吧！

你的主管是這樣子的嗎?

# 1. 沈湎於過去的豐功偉業

這類型的上司喜歡沈湎於過去的豐功偉業,對於現實的改變似乎很無感。最明顯的特徵是動不動就喜歡說:「想當年怎麼樣怎麼樣……」而且每次的敘述都一次比一次更誇張,最後他所說故事的真實性都讓人不禁質疑了起來。

美國通用汽車公司(General Motors Corporation,通稱為GM),是一家汽車製造公司。通用汽車曾經是全球最大的汽車製造商,一九七九年時,當時一度全球員工曾超過八十五萬人。在二〇〇一年,通用銷售更是大幅成長,總銷售量已經超過八五〇萬輛汽車。到了二〇〇二年,通用的市佔率,已經達到全球轎車與卡車銷售總量的十五%。一直到二〇〇七年,通用汽車全球銷售九三七萬輛汽車,穩坐銷量世界冠軍的寶座。

但是在二〇〇八年時,全球銷售量卻被豐田汽車超越成為第二名,但在美國市場銷售量還是一直保持第一名。

但是二〇〇九年,通用卻因次貸危機所引發的金融海嘯,財務受到嚴重衝擊。通用汽車公司為了要得到美國聯邦政府援助,不得已只好宣布破產重整,先讓舊通用汽車破產、股票下市。經過美國法官同意,立即將剩餘資產轉賣給新成立的新通用汽車公司,再將新通用汽車大部分股權交給美國政府,成為國營企業,以換取美國政府援助資。

其實,通用汽車公司宣佈倒閉,並進行重整,也早在管理大師彼得・杜拉克的預料之中,杜拉克認為通用公司最大的問題在於「沈緬於過去的豐功偉業」,對於過去所締造的佳績難以忘懷。

杜拉克早已說過,通用企業本身沒有自己問自己他所提出的那個著名

問題：「應該停止做什麼」！因此，根本漠視企業本身必須因應事實而進行重大的創新，這樣只會讓通用汽車的企業結構變得僵化。在通用汽車不願意考慮變革的情況之下，倒閉、重整也只是遲早的問題。

現在「食古不化」型上司手裡牢牢地捧著神主牌，也許這神主牌是他之前立下汗馬功勞努力得來的。但是，有時神主牌在手上捧太久了，也該放下歇歇了！

## 2. 倚老賣老，拒絕新的改變

這類型的上司在你每次提出新的企劃案或是策略，他總是以過去的成功範例作為典範而拒絕改變。有時這類型的上司甚至為了要保住上司的尊嚴，對於提出新想法的下屬的態度十分強硬，只要求他們照自己的吩咐做事，不准發問也沒有解釋。

這類型的上司給大家的「說法」是：以前這樣做，都是無往不利的。他對於下屬的任何質疑都視為是對自己地位的挑戰，對所有的新穎的建議充耳不聞，對於提案連看也不看直接打入冷宮。忽視外頭世界日新月異的變化，不願意去冒險嘗試新的方法。

記得以前讀法律系的同學考取法官之後，有次餐敘時他開玩笑地說：「我們一進去時，老法官說了句笑話：『有例援例，沒例不要自己開例。』也就是叫我們看之前怎麼判，就怎麼判，沒事不要自己亂開例！」雖然，只是一句笑話，可是也是一種拒絕新思維的笑話。

其實，這樣的上司不只是你會碰到，放諸四海皆有。在日本的職場中更是百倍於台灣，十分普遍。尤其越是資深的主管越容易有這樣的思維。

日本目前人口是越來越長壽，六十歲退休就閒在家裡，又擔心退休金在還沒有上西天時就提前早花光了，到時候怎麼辦？日文中「定年」這一

詞，是指法律上以六十歲退休做為一個基準，但是日本人現在平均年齡是八十多歲，一旦六十歲定年退休後還有二十多年要過，若是年輕時沒有額外的儲蓄，或是還有背不完的家庭負擔的人，叫他們怎麼過日子呢？

於是，社會上有人提出「定年再雇用」的計畫，就是要求企業再次聘用已退休人士。有些企業會要求雇員提早退休，而這個「定年再雇用」則是剛好相反，因為這些六十歲的人員，通常有很豐富的經驗，或是很廣的人脈，因此很多大企業開始紛紛向六十歲以上的人才招手，說是要用市價的兩倍價錢去聘用這些「在社會上不可多得的有能人士」當高級行政人員或是顧問。在企業的下一代承接者出現之前，其實「定年再雇用」也算得上是知人善任的公司政策。

事實上，長者的資歷比很多人高，社會經驗豐富，繼續在公司服務是無可厚非的措施；但是社會天天進步，如果要起用退休人士在公司裡當行政要職，他們可能已追不上步伐。別說是他們年紀大不能勝任，就算他們身體還強健，這樣做下去，對職場上的倫理還是會構成壓力的。在論資排輩的日本社會，這些重出江湖的人士當然不會是當雜務，要多設一個高級的職位給他們。要一些年紀較輕的主管去管理一些年齡跟自己的父親差不多大的人，實在辛苦、難做。

另外，那些經「定年再雇用」的老人，可能還沒有能力去理解現況，而這些新的年輕管理階層又得顧全對方顏面而不敢實話實說，結果就把公司的行政架構弄得十分混亂，根本沒有效率可言，只是讓決策流程變得更繁複而已。舉個最簡單的例子，那些年紀的人很多都不會用電腦，那麼在現在都是電腦作業的公司該怎麼辦？

在日本的公司文化，老人當道，就算在公司裡什麼都不做也沒有關係，沒有人會說閒話。反過來還有不少的老人家會到處作威作福，論資深嘛，他做什麼都對，你做什麼都錯。「定年再雇用」這種再把退休人士召

回來的政策，還可能會加深這種食古不化的思想。資歷深的上司倚老賣老，處處有意見，下屬就算不滿他們，也只能隱忍，自認倒楣。

「定年再雇用」這種讓年紀大的人還能有所作為，原本的立意的確是很好的。讓年紀大的人繼續為社會作貢獻也是好事，但也不能勉強把他們放到公司裡去。

在職場上，我們免不了都會遇到這樣「食古不化」的傳統派上司，有時是一種他希望永續的傳承，好比說電視上常常會報導一些傳承幾十年的好口味之類。報紙上就曾經報導過日本創業四百八十年的日本和菓子老舖——虎屋，在十六世紀是專門作敬獻給天皇的羊羹，一直到現在仍是日本人的最愛，是用來送禮的最佳首選。

而虎屋除了堅持和菓子、和風嗅菜食的傳統，也勇於挑戰創新，多角化經營受年輕人歡迎的洋菓子和時尚甜點。虎屋前任社長黑川光朝說，「虎屋能成功地融合悠久傳統與現代潮流，最大的關鍵在於不忘本的態度。」

傳統的精神的確是值得傳承下去的，但是如果是可以與時具進，除了好口味，更有好行銷，那豈不是更好？這類型的主管常常會左一句「傳統」，右一句「傳承」，讓人就算有心做一些變化，也是困難重重。

## 3. 一朝被蛇咬，十年怕井繩

這類型的上司傳統、老派。一旦他們同意了某個新策略，大家最好戰戰兢兢地期望這個新策略或是新方向可以奏效，而且祈禱進行的過程也都一帆風順。否則只要中間有一點不如意或是閃失，他便會以此為鑒，經常拿這個錯誤出來炒冷飯請大家吃，並從此對新的想法更加裹足不前。只要

有一個小小的不順，就會將好不容易費盡心思建立起來的冒險嘗新之心，打回原形。

其實，沒有任何一個新的策略或是改變是包成功的，新的策略或是新的方向本來就有風險，但是在職場上常常是不進則退。如果不想選擇在原地踏步，故步自封，那就只能往前走。因為在原來的地方盤旋，不過是慢慢凋零而已。

現在熱門的蘋果電腦創辦人賈伯斯，其實也離開過蘋果，被蘋果掃地出門。在一九八五年，賈伯斯在蘋果的董事會鬥爭失勢後，離開了他一手創立的蘋果公司。可是，賈伯斯在二〇〇五年於史丹佛大學演講時卻告訴大家：「被蘋果開除可能是我這輩子碰到最棒的一件事。那時我可以拋開成功的重擔，再度輕鬆當個對每件事都不是那麼有把握的新人，我因此有了充分的自由，展開我一生中創造力最豐富的一段時光。」

擺脫了固有的包袱，才能夠自由地發揮創意。

許多上司安逸的日子過久了，就忘了當初出入行或是創業的熱忱，忘了那段「打斷手骨顛倒勇」的熱血時期。所有的成功都不會在一次的戰役中達成的，更何況是職場上。這類型的上司不想改變，也是因為害怕失敗。可是，沒有多次的失敗，又怎麼會有成功？所以如果你夠幸運，他會給你一次機會，但是，你一旦失敗，那恐怕就要一天到晚吃他把你的錯誤炒成的冷飯了。

接下來舉個很有名的例子，是日本人俗稱「一勝九敗」的優衣庫（Uniqlo）創辦人柳井正。

他給自己自傳的標題下得很好，也是個成功的註腳——「一勝九敗」。一語道破，一次的成功，是需要很多次失敗的經驗。換句話說，也就是上司得給你很多次的機會讓你去試、去闖，才能有成功的機會。

如果一次機會就成功，那應該叫做「百發百中」吧！

其實呢，「優衣庫」的衣服看上去並不時尚，款式也略顯平淡。柳井正是如何將其打造成時尚單品呢？仔細研究，其實「沒有特色」就是優衣庫的最大特色。雖然看上去簡約，但不乏個性，十分容易搭配，尤其是在色彩研發方面獨樹一格，款式簡單但是卻有幾種甚至到幾十種顏色供消費者選擇。另外，他們也開發了高技術含量的特殊面料，著重在衣服的舒適度。優衣庫設計總監瀧澤直己曾說：「比起潮流，消費者更需要功能性。」

優衣庫開發海外市場的過程，就是一個廣為流傳的典型柳井正不服輸的例子。當優衣庫已經征服了日本之後，他開始將觸角伸往海外，當時在英國開設二十一家分店，接著在美國也開了三家分店。但是，誰也沒料到不到五年的時間，美國的三間分店全都關門大吉，英國的分店也接近全軍覆沒。優衣庫初試啼聲進軍海外，以一敗塗地收場。

但是這樣的挫折非但沒有打擊柳井正的雄心，反而更激發他思考失敗的原因。柳井正認為行銷不到位，知名度還不夠，是最大的失敗原因。柳井正曾在自傳「一勝九敗」中寫到：「世人把我看做成功者，我卻不以為然，我的人生其實是一勝九敗。如果說取得了一些成功，那也是不怕失敗、不斷挑戰的結果。」

柳井正經過不斷嘗試、失敗、重覆和調整之後，在二〇〇五年優衣庫再次啟動海外擴張第二擊，這次柳井正一改之前在市郊設點的策略，改為主打主要城市人氣旺盛的血拼熱點，最終找到出路。

由這個例子來看，連柳井正都要九敗之後方得一勝，那麼這樣說來，這類上司所恩賜的「一次機會」其實會失敗的機會還不小。因為每個新的策略，新的方針，都有很多客觀因素需要調整，因此才會需要不斷的試驗。

但是，只要你一失敗，這類型上司不會放過這機會，他會常常把這盤

冷飯端出來炒給你吃，讓你十分氣餒。甚至，讓你連再提起新的策略或是方向的念頭，也都一併擊退。

# 4. 對於現實的變化十分不敏感

常常對於現實的變化十分不敏感，因此對於改變裹足不前，錯失良機甚至把企業引導到凋零的地步。就好比天氣逐漸變冷了要加件衣裳，他還是一件短袖Ｔ恤，然後只能冷得直打哆嗦；天氣慢慢變熱了，他還是一件外套在身上，然後滿身大汗。

對於外界的變化，不但不敏感，嗅不到轉變的氛圍，更甚者，還完全無感。如果你的上司是這種「食古不化」型的人，恐怕有時他還會不敏感到讓你覺得有點兒遲鈍。

舉個在地的例子，有次電視採訪西螺的丸莊醬油。這就是企業對於飲食習慣改變的敏銳觸覺所做的改變的例子。

西螺是醬油的故鄉，大家都知道最著名的名產是醬油。有報導指出，光是西螺的醬油，一年有上百億元新台幣的商機。西螺醬油雖不如金蘭、萬家香、味全等豆麥醬油大量機械化生產的大廠，但堅持以古法釀造的黑豆醬油，香味特殊卻無可取代，甚至聞名全球。

西螺的丸莊醬油堅持了百年純釀黑豆蔭油，是傳承閩南古老的缸釀手工技藝，連大陸都已經失傳，卻在台灣一脈相承。

西螺醬油的原料是黑豆，然而大部分釀造黑豆卻幾乎來自進口。原來是從民國七〇、八〇年代開始，國產黑豆在價格上無法再跟進口黑豆競爭，因此國產黑豆便漸漸地被較便宜的進口黑豆取代。當大家都紛紛改用進口黑豆時，西螺醬油仍然使用國產黑豆。

西螺醬油堅持強調生產100％西螺醬油。因此寧願比進口價高出兩倍

的成本，以保證價格和農民契作黑豆，這是對原料的堅持。

丸莊醬油感覺到現代人對醬油的需求和過去不同了，現代的人講求健康。這是企業嗅到了社會變遷的氛圍，在傳統中追隨時代的腳步。因此，他們進一步生產黑豆有機醬油，並為產品申請有機認證，多樣化提升產品的附加價值，更以「台灣生產製造」的品質保證，拓展大陸市場。

傳承四代的百年醬門，在跨入下一個一百年，丸莊董事長莊英堯曾經在接受訪問中提到過，他要求下一代的接班人必須要認知到：「老招牌要有新風貌，丸莊必須老而不舊。」

他也認為他自己的企業仍然是依循古法製造的「老招牌」，但是門面和行銷手法必須要大膽創新。因此，把醬油瓶當紅酒瓶陳列，也採用裝置藝術的手法，用玻璃瓶＋LED燈光裝飾牆面的台北「丸莊醬油概念店」，很多人上門第一個反應都很shock：「這家店是賣醬油的嗎？」

企業帶入新的概念並不容易，但是時代不同了，做法也應該與時俱進。只是如果你的上司是那種「食古不化」型的，只是一味地盲目遵守著過去的豐功偉業而不求改變，甚至關起門來拒絕聽到外面的變化，那就是故步自封，把企業鎖在過去的時光。跟著這樣的主管工作的困難，也就會有口難言。自然而然，也會跟著你那老古董的上司或主管一起在時間的洪流中慢慢被淹沒。

## 5. 流於制式，不能隨機應變

隨機應變可以說是對於一個企業最重要的事情了。因為制度是死的，可是市場或環境卻是瞬息萬變的。這類「食古不化」型的上司，可以說完全缺乏這項能力。有句話說：「得不到不可怕，守不住才可笑。」他深怕守不住，所以很努力地不去改變，失去了隨機應變的能力也是想當然耳。

　　講講傳統的京劇吧，京劇雖然傳統，但是對京劇演員而言最需要具備的卻是隨機應變的能力。一個好的京劇演員，按常規表演是水到渠成的事。但是凡事怕就怕萬一，臨時出了點問題，沒時間讓你思考做準備，既不能開天窗，有狀況也不能跟觀眾說，一切全都看京劇演員臨場發揮，隨機應變了。

　　有一次，京劇名伶梅蘭芳演「貴妃醉酒」裡的楊貴妃，戲中原本楊貴妃要把高力士的帽子戴在自己的鳳冠上，可是誰知道當梅蘭芳唱到「冠上加冠」時，帽子突然掉了。他立刻隨機應變，向扮演高力士的演員做了一個手勢。扮演高力士的演員立刻心領神會，馬上添了句台詞：「娘娘，您的帽子掉到哪兒啦？」梅蘭芳聽到這句台詞，便以醉步向帽子走去，高力士馬上把帽子揀起來，給了「娘娘」。兩位機智聰敏的藝術家，不僅巧妙地彌補了這個小瑕疵，而且更充分地表現了楊貴妃的醉態。

　　還有另外一個京劇的例子，上世紀二〇年代，馬連良開始有點名氣，觀眾對他十分讚賞。有一次演出「四進士」，他的老師肖長華因為不放心，所以在後台為他作現場指導，當戲中演到宋士杰只顧和丁旦飲酒，耽誤了去大堂為義女楊素貞鳴冤告狀時，本來應唱二黃散板：「三盅酒下咽喉把事誤了」，哪裡知道琴師一時閃神，誤將二黃散板的過門拉成西皮了。當時只有二十多歲初露鋒芒的馬連良，卻立刻隨機應變，按西皮調式唱了下來。十分沉著，毫不慌張，聽得台下觀眾十分滿意，掌聲熱烈。

　　隨機應變，是職場上面對各項變化最需要的技能。你可以隨機應變，但是如果你那個「食古不化」的上司十分堅持要一條路子走到黑，那你又當如何呢？

## 應對眉角 這樣和他打交道

# 1. 一次不要提供太多新資訊

對於這類「食古不化」的上司，一次不要向他提供太多新的東西，一樣一樣來，避免貪多嚼不爛，以免他消化不良。在他的邏輯當中，大腦對於新訊息的接受，一次一個已經很困難了，如果一次多個訊息一起進來，恐怕他的大腦要當機了。

過多的新資訊會讓他手足無措，無所適從，因此很容易就會產生抗拒，進而排斥。

即便你手頭有很多新的idea，你可以見機行事，一樣一樣地拋出來，在適當的狀況提出某項新的議題或是方案，然後再用其他國際成功的案例作為佐證，來證明這個新方法或是新議題也不錯。

這就像是「輸入法」，你可以先把事情依照緊急狀況，或是重要性先做出排列，然後一樣一樣地對這類「食古不化」型的上司輸入，先講解，再誘導，最後再說服他接受。

一定要一樣一樣循序漸進，不可以因為情急或是毫無計畫，逼他囫圇吞棗，那麼他一定會消化不良，全部吐出來給你。一旦他內心起了排斥之意，那他便會對這項方案或是提議築起一道很強的防線，到時要捲土重來就恐怕要大費周章了。

這是一種沙漏式的改變方法，應該依對方能承受的程度，不要一下子就用很南轅北轍的理論、好高騖遠的目標強加於他，這樣會讓對方無法接受。以前的古人也說過同樣的話：「攻人之惡，毋太嚴，要思其堪受；教人之善，毋過高，當使其可從」。這話的意思是說，要質疑人家的錯處

時，不要太嚴苛，要考慮到人家能不能接受。同樣的，要叫人家往好的方向走，也不要給個過高的目標，一定要是有可行性的。對於這類「食古不化」型的上司，更是如此。

　　一次一點點，每次都慢慢地循序漸進，時間一久，自然就可以達到你要的效果。

## 2. 學會潛移默化的工夫

　　要學會用潛移默化的工夫，有很多事只可以做不可以說。這就好比是改變一個人的習慣，你若是事先告訴他，他會起了防心，事情便不容易成功。但是，你若是慢慢地，日積月累的，暗地裡地改變一點點，有時，雖然他是心知肚明的。但只要對公司、對企業是有幫助的，他有時也會睜一隻眼閉一隻眼。

　　這一切就好像是出其不意，但又是緩慢而且在無意間進行的。

　　當你開口問他或是請示他的時候，他就必須表態。有時基於對公司傳統的維護，有時基於立場的尷尬，或只是出於對職場尊嚴地維護，難免有時會為了反對而反對。這時，你若是善用潛移默化的工夫，等待他想要出言守舊，只怕也木已成舟。

## 3. 擅用「舊瓶裝新酒」的技巧

　　要巧妙地使用「舊瓶裝新酒」的技巧，新想法用舊包裝來瞞天過海。

　　在舊的包裝當中，裝下新的酒，這樣有時可以「誤導」這類「食古不化」型的上司，特別是比較粗心一點兒的人。

　　有時，這類「食古不化」的上司也會希望能有所改變，為自己的團隊

注入新氣象，可是，面子你還是要替他顧及到！

成立於一九一七年的毛筆製作老店林三益，努力在發展它的轉型：跨入美妝用品，以及電腦清潔刷具市場，讓老產業加速趕上新潮流。

毛筆雖然貴為中國的國粹，但還是受到使用更方便的西方筆所影響，衝擊最大的就是原子筆。我們的政府過去對毛筆文化有一定程度的保護，規定高中以下的中小學生必須上書法課，作文與週記統統都要使用毛筆，這還讓林三益保有一定的市場。然而，最近十年中小學生不再被強迫上書法課了，林三益生意備受打擊，該怎麼轉型，這是這個企業所遇到的轉型課題。

有二千二百年歷史的毛筆，轉進也不過最近二十年才成形的彩妝市場，林三益老店也受到震撼教育，發現必須時時傾聽消費者的需求，他們開始發展水彩筆、彩妝筆，以及電腦清潔毛刷。

彩繪市場重視包裝，因此他們開始重視包裝，並且開發與毛筆相關的文房四寶產品，也做成禮盒包裝，像是將傳統三孔文鎮改變造型，變身成龍、虎、魚、蝙蝠等四獸，或是化身成可愛動物、專攻兒童市場的產品等等。企業的路也就越走越廣，例如祝福人節節高升的竹節桿筆、祝考生好運的文昌筆組……等等。

不僅如此，林三益也琢磨著怎麼跟資訊科技沾上邊，除了也做電腦清潔刷，還想著怎麼做出「電腦筆」，他們不想再侷限在毛筆上，而是想要讓企業有新的生命。

這「食古不化」的上司，常常會對改變裹足不前，身為下屬的你不妨用現有的方案或商品為出發點，把新的點子裝在既有的商品或是方案之中，讓他以為依然保有傳統，卻有新的創意。既是新的方案，可是又有舊的影子，這樣他拒絕的機會就會大大降低，也可以讓他比較容易接受。

# 4. 承認自己也有誤，尋求其中共同點

對於與上司的矛盾或是衝突，千萬不要來個相應不理，一定要「異中求同」或是「同中求異」。

所謂「異中求同」，是指在這類「守舊派」的上司和你的意見相左時，你要想辦法在不同的意見當中，找到共同的聲音。而「同中求異」則是在你想要帶入的新主題中，你們雙方原先共同同意的點就是最好的切入點。

班傑明・富蘭克林（Benjamin Franklin），出生於美國麻薩諸塞州波士頓，是美國著名政治家、科學家，同時也是出版商、印刷商、記者、作家、慈善家，更是傑出的外交家及發明家。他同時具有多種身份，可是最重要的還是他是美國的開國三傑之一。

他是美國革命時重要的領導人之一，參與了多項重要文件的起草，並曾出任美國駐法國大使，說服了當時的法國支持美國獨立。班傑明・富蘭克林當年在費城召開的憲法制定會議上，有一段非常著名演說，當時大家因為意見不同，整個會議從白熱化的純粹議題爭論，演變成出席者之間相互的人身攻擊，場面既激烈，還有些難堪。

他當下為了緩和這種不可收拾的局面，起身對在座的每個人說：「老實說，我並不完全贊同憲法。或許是我年紀較大，常常容易因為更好情報或深思熟慮後而改變我的意見，有時連很重要的問題也是如此。我想出席此次會議的各位，對細節方面還有異議，但此刻連我也懷疑自己是否真的完全沒有缺失，而考慮是否要在憲法案上署名。」

他充分運用的這樣的坦誠，承認自己也不完美，讓在場的矛盾與衝突，甚至是攻擊都輕易化解。

後來，這場演講，終於促成被稱為「民主憲法之父」的美國憲法的成

立。

坦白地承認「自己或許有錯」，是這場演說成功的祕訣。

與對立者製造出朋友意識，更把對方的職務當作自己的來接受，可以
與對方建立起更緊密的情誼。

富蘭克林把對立者堅持的主張認同為自己意見的一部分，同時也承認
自己或許也犯了錯，因此，對立者會比較容易卸下心防，甚至受感動而退
讓。可見在敵對關係中，一句「也許我錯了」也可以是攻入對方堡壘的最
強武器。

他的一句名言：「對所有人有禮，與多數人交際，和少數人親近，交
一位朋友，不與人為敵。」不正好說明了，他不輕易與人為敵，用各種方
法來化解歧見，絕對不要輕易地用衝突去解決矛盾。

在這類「食古不化」的上司身上，你可以先肯定他對傳統的維護，並
且肯定傳統的價值。先坦白自己或許有「欠缺考慮」的地方，再來闡述你
想要說的論點，這何嘗不是一種以退為進的手法呢？

## 這樣的上司教會我的事

✔ 環境與市場瞬息萬變,停留原地,故步自封,只會讓企業不進則退。

✔ 先理解上司的「食古不化」是堅持企業的核心價值,還是對於改變懷抱恐懼,唯有先找到原因,才能逐一破解。

✔ 遇到爭議,用衝突去解決對立的矛盾是最行不通的辦法,先站在對方的那邊,才可以卸除對方的心防。

✔ 盡信書不如無書,過去的經驗只能當做參考,因為環境改變是最大的重點。

✔ 企業的核心價值是值得堅持的,但是,堅持的方法與手段卻要與時具進,否則只會走向刻板與僵化。

✔ 面對這樣「食古不化」的上司,躁進與急進,都是萬萬行不得的。

✔ 用舊瓶裝新酒,慢慢潛移默化,千萬不要明著來、硬碰硬。這樣只會讓上司對於新的方案更反感。

✔ 在職場上,面對這種「守舊派、保守派」的上司,要顧全對方的職場尊嚴,更不能全盤否認對方的經驗值。

✔ 先贊同對方的堅持,再慢慢闡述自己的方法,是一種溝通的方式,也是一種以退為進的手法。

✔ 要質疑人家的錯處時,不要太嚴苛,要考慮到對方能不能接受。同樣的,要指導別人時,也不要給過高的目標,一定是先考量到是否有可行性。

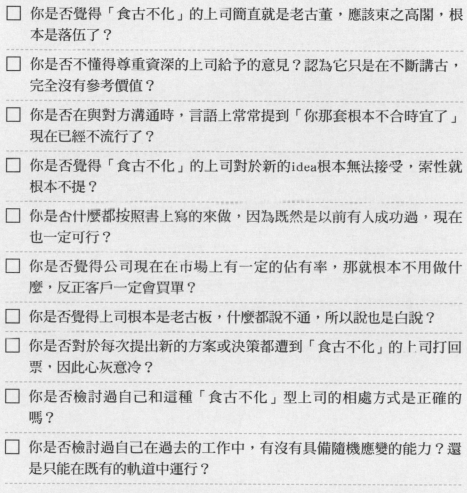

- ☐ 你是否覺得「食古不化」的上司簡直就是老古董，應該束之高閣，根本是落伍了？

- ☐ 你是否不懂得尊重資深的上司給予的意見？認為它只是在不斷講古，完全沒有參考價值？

- ☐ 你是否在與對方溝通時，言語上常常提到「你那套根本不合時宜了」現在已經不流行了？

- ☐ 你是否覺得「食古不化」的上司對於新的idea根本無法接受，索性就根本不提？

- ☐ 你是否什麼都按照書上寫的來做，因為既然是以前有人成功過，現在也一定可行？

- ☐ 你是否覺得公司現在在市場上有一定的佔有率，那就根本不用做什麼，反正客戶一定會買單？

- ☐ 你是否覺得上司根本是老古板，什麼都說不通，所以說也是白說？

- ☐ 你是否對於每次提出新的方案或決策都遭到「食古不化」的上司打回票，因此心灰意冷？

- ☐ 你是否檢討過自己和這種「食古不化」型上司的相處方式是正確的嗎？

- ☐ 你是否檢討過自己在過去的工作中，有沒有具備隨機應變的能力？還是只能在既有的軌道中運行？

第九章

# 面對「空降部隊」型的上司，你要學會熱烈接機

Managing Up !

How to Get Ahead with Any Type of Boss.

No1

　　有關「空降部隊」最知名的例子，恐怕要數IBM的葛斯納吧。

　　其實，這個故事有點兒時間性了，因為如今資訊發達，蘋果的崛起，也許已經物換星移。但是這個葛斯納仍然是在「空降部隊」這個例子當中，寫下很成功的一頁。

　　故事得從一九九三年開始敘述，當時的IBM正陷入前所未有的虧損狀況。以前大家以「藍色巨人」來稱呼IBM，但是在前任最高主管艾克斯（John Akers）的帶領下，這個資訊產業的「藍色巨人」連續第三年出現赤字。在三年之間，全球IBM總計損失了一百六十億美元。當然，股價也一瀉千里，整整掉了三○％，只有四十八美元。「藍色巨人」成了「憂鬱巨人」。（因為藍色和憂鬱英文同為Blue）。

　　一九九三年IBM董事會找來了葛斯納（L. Gerstner）擔任執行長（CEO），主導「藍色巨人」的改革工作，引起員工與媒體一片譁然。大家共同的疑問是：「請一個餅乾公司的人來管高科技，有沒有搞錯？」雖然葛斯納曾經任職於麥肯錫顧問公司，也當過美國運通總裁，但是對高科技畢竟是門外漢，看在滿公司皆是精英薈萃的IBM員工眼中，他除了被戲稱為「餅乾怪獸」，甚至有不少人是帶著「看笑話」的心態等他下台。

　　葛斯納從原本的食品業以空降部隊的姿態，被董事會招手進入IBM，儘管他不懂電腦，但他善用在麥肯錫顧問公司學來的管理經驗，加上在食品公司期間對於顧客需求的精確掌握，讓這位講求實在、紀律的「門外漢」，自信十足地進行各項改革，毫不留情地裁掉不需要的冗員、降低成本，並重新評估公司策略再進行調整與改變。

　　葛斯納在他自己寫的書「Who says elephants can't dance」

中說過：「我從沒看過不想成為大公司的小公司，也沒看過小公司不艷羨大公司的研究和行銷預算，或大公司業務員的規模和勢力範圍。組織大有其重要性，可以善加利用規模。有了廣度和深度，才能做更多的投資，承擔更高的風險，也能比較有耐心，等候長時間的投資獲利。大象是不是贏過螞蟻，這並不是個問題，某隻特定大象會不會跳舞，這才是問題。要是大象會跳舞，那麼螞蟻最好離開舞池。」也因為他的這番話，當時大家都認為IBM是一隻可以跳舞的大象。

事實上，改革的過程是艱辛而且反對聲浪高漲的。葛斯納於一九九三年上任時，以強硬的姿態對員工宣告，他將要對IBM大舉改革，一切都要照著他所樹立的新標準、新作風，如果有人不願意跟隨他朝這個方向走，他這班改革列車就要開了，沒搭上列車的人，就只能留在月台上。

葛斯納這種強悍的作風，讓許多老IBM人無法接受，也迫使許多人做出離職的選擇。

IBM過去採取的終身雇用制度，這點在葛斯納任職期間，被徹底改變了。他大刀闊斧地裁汰冗員、進行合併組織，一口氣將IBM員工從40萬人精簡到21.5萬人，幾乎裁減掉一半，當然也引起了一些既得利益者的強烈反彈。可是葛斯納的強勢作風，貫徹到底。這「藍色巨人」在經過這番浴火重生之後脫胎換骨，直到二〇〇二年葛斯納退休時，IBM員工不減反增加6.5萬人，這說明了精簡之後，更能茁壯，剪掉了多餘的枝葉，養分更能供給給原本的主幹。

幸虧當年IBM董事會排除眾議，由獵頭公司聘請來這位「空降」主管，才讓這頭負債高達160億美元、已經「憂鬱」不已的巨人起死回生，十年後重新站起來，更創下獲利達80億美元的佳績。

　　「空降部隊」本來就十分艱辛，當一個企業會向外借將，讓外來的「空降部隊」和公司內部的精英插隊，通常也已經是遇到了內部人員無法解決的困難的時候了。通常企業對於「空降部隊」的寄望很高，可是這類型的上司往往會因為和公司原有的文化格格不入而鍛羽而歸，下台求去。

　　在這個例子當中很特別的是，葛斯納排除困難的強勢態度。

　　當一向墨守成規，且長期嚐盡成功甜頭的「藍色巨人」IBM，在經歷了瓶頸、老化，而進入衰退時，也不得不考慮在這時候注入新血是一個良方。

　　可是，如同葛斯納一般的鐵腕作風卻不是每個公司都可以適用的。

　　如果你遇到了這種情況，不要有先入為主的觀念，總以為公司認為「外來得和尚會念經」或是「國外的月亮比較圓」，其實，換個角度去仔細觀察，公司會請「空降部隊」的用意到底在哪裡？這個「空降部隊」上司到底是哪裡讓公司高層動心了？

　　如果你只是一直停留在不滿與妒忌當中，你就無法看到對方的亮點。

　　人要對，方法也要對，時間要對，貫徹力更要對。一切都往對的方向去，才能將錯誤的機率降到最小。大多數的人都恐懼害怕，大多數的員工都怕既得利益會失去，但是這是對組織或是公司最好的方式嗎？

　　當「空降部隊」上司進入了企業，請熱烈接機，因為他是帶著見面禮來的。不妨好好看看這份見面禮是否合乎你的需要，帶給你不一樣的成長。

# 「空降部隊」型上司的停看聽

「空降部隊」型的上司，其實在執行中，失敗的例子多於成功的。

多數「空降部隊」上司到新公司之後都會遇到屬下的排斥、不配合、老闆從信任到不信任等現象，很多「空降部隊」上司還沒有來得及施展身手就匆匆走人。

根據大多數的統計，「空降部隊」的「陣亡率」為80%，也就是說大多數是失敗的。引進「空降部隊」上司的公司或者企業通常都是為了實現更大的發展戰略，或者遇到比較棘手的問題，在人才資源匱乏的情況下做出的選擇。多數時候是「空降部隊」上司匆忙走馬上任，老闆急著想看到結果，於是立刻走向了大刀闊斧的改革之路。俗話說，重病不能下猛藥。結果便可想而知了。

仔細檢討之後，會發現失敗的原因並非於「空降部隊」型的上司無法勝任工作，而在於他無法適應公司文化，或是急於逆轉局勢，因此不能成事，甚至造成與下屬之間的衝突。

如果這個主管的職缺原本就有許多內部員工爭取時，那麼這個「空降部隊」型的上司，更容易遭受來自下屬的抵抗與排斥，通常會引起公司內的私下角力，暗中杯葛或下屬消極地採取不合作態度，使得「空降部隊」型的主管能力無法完全展現，因而讓很多原本立意很好的提案或是策略停擺。

引進「空降部隊」型的上司，雷聲大雨點小，最後卻沒有達到預期目

的情形，恐怕不在少數。 對「空降部隊」型的上司來說，最大的困難應該是對公司文化調適與改變的問題，這些都是影響成果與績效的關鍵。

其實，公司請來「空降部隊」型的上司的目的，最主要就是要提高原本不理想的經營績效。而很多問題是因為公司的老化，或是墨守成規，而無法前進。一個「空降部隊」型的上司，對於大刀闊斧的改革，除了要面對下屬的矛盾，還需要一些必要的戰術。

那作為下屬的要如何面對這類型的主管呢？大多數的員工不滿的情緒往往高於期待的心情。他們多數都覺得老闆是認為「外來和尚會念經」，而老闆則是認為現有的人「老狗玩不出新把戲」。因此，異地而處，任何一個「空降部隊」上司都面臨著嚴峻的考驗。

其實，也無需一味地認為改變就是壞處，或是認為「空降部隊」的上司就是一定會對自己的既得利益有所危損。換個角度想，這樣的上司也許可以帶給公司或是整個企業一個新的概念，或是帶來新的氣象。

然而，很多人已經心存成見，認為對方根本什麼都不懂，一進公司就坐在自己的頭上，因此總是明裡暗裡的不服氣，找機會去挑戰他的權威。這種做法，十分不智，也過於意氣用事。

在職場上，面對這類型的上司，我們要試著去找出「空降部隊」型上司的優點以及值得學習的地方，既然公司會毅然決然地被聘請他降落到公司，那想必有其過人之處。不如好好地尋找公司所看重他的地方。

蘋果電腦因為iPod而榮獲Brand channel二〇〇四年全球最具影響力品牌，能脫胎換骨成為時尚與流行的代表，也是拜賈伯斯當從百事可樂找來了跟電腦業完全不相干的史庫利（John Scully）這個「空降部隊」上司所賜，史庫利在這段「蘋果成功史」中可謂功不可沒。

史庫利在其回憶錄中也說起了這段往事，當年賈伯斯到百事可樂總部

來拜訪他，賈伯斯希望能夠說服他離開百事可樂飲料事業，投入電腦業。
他們坐在一起對未來遠景侃侃而談，史庫利以他在百事可樂的廣告方面的
專業，聊到蘋果該如何透過廣告來創造「蘋果世代」，讓使用蘋果成為是
一種時尚，而當時電腦還是停留在冰冷專業的印象。這種顛覆式的改變，
也通常是「空降部隊」型的上司或主管，可以為公司帶來的新氣象。

## 1. 急速地希望引進自己的部隊

很多「空降部隊」型的上司一走馬上任，都會進一步引進自己的團
隊，或是立刻想要改朝換代。這也是很多「空降」型上司為人詬病的地
方。大家最害怕的是：下一個被換的是自己嗎？新同事自成一個小圈圈，
自己該如何自處？於是乎，大家便抱著對立的態度，讓公司或團隊一時之
間火藥味十足。

不妨先靜下心來，先別去抱著否定的態度，這類「空降部隊」型的上
司為何這麼做？這其實是出事必有因的。用通俗詼諧的話語來說，一個大
哥總是身邊帶了一些自己的小弟吧？或者用連續劇常講的，一個高官，總
要有幾個自己的心腹吧？這些「小弟」或者是「心腹」可不是一朝一夕可
以養成的，因此乾脆就自己帶過來。

不過正經、認真地討論起來，通常是因為舊有的團隊讓他在溝通上感
覺困難重重，或者是舊有的團隊對「空降」上司的杯葛效應十分明顯，更
或者是「空降」上司認為自己最熟悉的團隊是比較能讓他推行的理念去進
行。

《商業周刊》之前做過這類專題時，曾經訪問過一位在台大管理學院EMBA班中的企業界學生，談及他自己本身曾經擔任「空降部隊」總經理的親身經驗。在訪問中他說：「我剛到新公司的時候，也從外面帶了一批人進來，幫我解決新公司的問題，但為了顧及和提升我空降公司的員工士氣，我每從外面找一個新主管進來，我就同時再從公司內部升一個主管上來，不要讓員工覺得我只會從外面找人，都不照顧公司原來的員工。」

自己熟悉的團隊有既有的默契，以及合作的固定模式。很多事情的處理，因為他們有共同的經驗與患難與共的交情，這些會讓「空降部隊」上司覺得更安心與放心。自己的人馬也比較會認同他的理念，與他枝連氣同。在公事上，這是一種過往經驗的合作默契，在私人情感上，這就叫做革命情感。

造成這種現象的原因是，「空降部隊」上司通常背負過高公司的期望，公司通常也是遇到瓶頸才會想要往外借將。因此「空降部隊」上司當然會想帶入自己熟悉的人馬，讓自己的執行更容易、順利一些，是常見的現象。問題是，在新團隊與舊團隊之間，要怎樣取得平衡與和諧，這是一個極為重要的課題。

## 2. 積極地進行汰舊換新

許多「空降」型主管進入公司的第一個難題就是在推行新的策略與方案時，遇到公司「地面部隊」的舊人反對的聲浪，因而困難重重。如何與「地面部隊」的舊人對接配合，是一個考驗，也是一個戰略。因此，為了立桿見影，讓自己的策略與方案暢行無阻，掃除眼前的障礙物就成了勢在必行。而在這類「空降部隊」上司眼中最好的方式莫過於汰舊換新，換掉反對聲浪過大的舊人，也就是古人官場中常說的「剷除異己」。其實，說

穿了古代的官場如此，現代的職場亦如此

舊人如果不能恰如其分地扮演配角，而想要與主角爭個輸贏，恐怕遇到了強勢的「空降部隊」上司，就只有掛帥求去一途。

舉個美國知名企業雅虎的例子吧，雅虎在二○一二年遇到瓶頸與困難重重時，突然宣布任命谷歌前副總裁瑪莉莎‧梅耶（Marissa Mayer）為雅虎的CEO。她是一個經歷豐富，臨危受命的大將。雖然終究未能成就大業，可是在當時她雷厲風行的鐵腕作風的確是引起一段爭議的。

她一進雅虎便大刀闊斧的改變，當時推動了一項新的HR計畫，要求所有雅虎員工必須在就近的公司辦公，不再可以在家遠程工作，不能遵守這個新規定的員工將被要求離職。

當時反對聲浪很大，部分受到這個新政策影響的既有利益的員工甚至認為，公司的這個決策違反了當初許下的承諾，簡直是蠻橫無理並且嚴重打擊士氣。不過，當然也有站在她這邊的，就好比當時任職雅虎的人力資源部門的主管Jackie Reses也認同地說：「在家辦公往往會帶來績效與品質的下降，目前我們的目標是成為一個整體的雅虎，而要做到這一點，首先就是要員工一起辦公。」

其實言下之意就是，你若是不老老實實地遵照新規定來到公司，在自己的辦公桌前工作，那就回家吃自己。

試想一下，如果你的上司對於你這資深的員工有了這樣的要求，你是抱怨？還是站在他的立場也會贊同地順從？

這是一個課題，既得利益者不肯放手，但新的策略也許是對的。

因此，汰舊換新這項特徵通常也會出現在「空降部隊」上司的身上，為的就是掃除前方障礙，讓自己的理念可以執行得徹底一些。

在這樣的狀況下，要怎樣能在職場上順利生存，是一個考驗，更是需要智慧。

# 3. 對於反對聲浪視若無睹

很多人對這類「空降」型上司多半存有一種反感，第一，他無端端地佔據了升遷的機會，第二，根本不清楚他能端出來的牛肉是什麼。因此，大家對他們的評價常常會是一句：一意孤行。

到底是不是一意孤行，其實身為下屬不要太早下決定。有時一意孤行和執行魄力只有一線之隔。有時候改革本來就需要勇氣與魄力，有時更需要排除眾意。

說個很一意孤行的「空降部隊」宰相的例子吧。公元三八五年，前秦皇帝苻堅遇到了當時十分有才幹的王猛，兩個人一見如故，相見恨晚，苻堅十分惜才。因此，他當場邀請原本歸隱的王猛重出江湖，主持朝政，是不折不扣的「空降部隊」宰相。當時，前秦的皇親國戚，整個朝野和功臣戰將全都看不起他，認為他何德何能能坐到這個位子。

有一次，功臣出身的樊世見到了王猛，便很不客氣地對他說：「這江山是我們出生入死打下來的，如今，國家大事不找我們商量，反倒找起你。你算什麼東西，你說了算數？難道我們辛苦播種，倒是讓你坐享其成？」

王猛是一意孤行的人，根本不想多費唇舌溝通。他立刻強硬地回答說：「沒錯，我不僅是要你們辛苦播種，我還要坐享其成。」

這一句話激怒了樊世，當場大罵王猛：「我一定把你的腦袋掛在長安城門上，否則，我不活在世上了！」

王猛一聽立刻進宮覲見苻堅，把樊世所說的話一五一十地告訴苻堅，很堅決地對苻堅說：「不殺掉這個老傢伙，大臣們就不會聽命。」

恰好在這個時候，樊世也隨後入宮來告狀，一見王猛已經先聲奪人了，便又和王猛爭執了起來。樊世一氣之下，竟然動手追打王猛。

　　符堅一看，實在太不成體統了，立刻下令處死樊世。從此之後，殺雞
儆猴，群臣百官再見到王猛，無不恭恭敬敬，大氣都不敢喘。

　　可是王猛是一個霸道的人嗎？王猛任宰相期間，反貪腐雷厲風行，絕
不拖泥帶水，辦事效率也特別高。

　　所以這類「空降部隊」型上司，有時一意孤行只是他們為了貫徹自己
理念的一個手段，而非他的本意。

# 4. 認為組織文化不合時宜

　　通常「空降部隊」型的上司若是這個特質特別明顯，往往是所謂「二
代太子派」。也就是下一代的接班人，他們尚未從基層瞭解起，也沒有真
的深入企業文化，直接就任職於高階管理職務。往往一進來，就有很多事
令他看不順眼，只是一味地認為公司或組織的文化已經不合時宜。

　　然而，這種狀況的產生，通常都夾帶著私人情感在內，因為公司老闆
的期望以及新的「空降部隊」上司希望能有不同的作為，這些都容易讓公
司產生衝突與矛盾。因為，這類「空降部隊」上司往往是剛剛自學校畢
業，然後直接進入企業，接手公司的管理職務。對於人情事故、公司文
化，還有各部門的微妙關係都不清楚。學校給他的高階教育，畢竟和社會
教育有一段很大的落差。

　　如果你的上司是這類的「空降部隊」上司，那恐怕是最「有理說不
清」的。因為，多說了也不是，不說也不是，橫豎是個左右為難。

　　所以在面對這樣的「空降部隊」上司，有一個老一輩的管理專家給的
建議是：「帶三年＋幫三年＋看三年＝成功接班」。

　　舉個「二代太子派」的例子來做比方吧，在三十二歲的中國知名匹克
集團CEO許志華的印象中，父親從來都沒有誇獎過自己，他從小到大一直

接受的是挫折教育。他曾說：「做對了，從來沒有得到過表揚。做錯了一定要挨罵。」而作為董事長，也就是父親的許景南雖然對兒子的表現很滿意，但是在接班的問題上仍然很擔心。他說：「他（兒子）在戰略眼光上沒問題，但在用人與團隊建設上還有很多不足。」因此，二代接班人能成氣候之前，這類型的「空降部隊」上司會在組織文化上與公司格格不入的狀況可能會層出不窮。

當你的上司是這種太子派的，恐怕你的「居中協調」工作要比去「適應」要更為重要吧。

# 5. 新官上任三把火

一般公司企業中，送走離職的主管，迎來「空降部隊」的上司，已是司空見慣的狀況。曾經有一項職場統計頗受人關注：一般企業在招聘「空降部隊」管理階層人員的陣亡率高達九〇％。

但「空降部隊」上司的存活率低，這也是多年來困擾企業界的課題。在職場上，甚至有人開玩笑地說：在「空降部隊」工作一年內可說是危險期，存活六個月叫做正常現象，而存活三個月甚至一個月則是基本規律。因此，「空降部隊」上司急於立威立信，迅速建立自己的戰功，這是可想而知的。

俗話說得好——「新官上任三把火」，其實，「新官上任三把火」也是「空降部隊」型上司最常具備的特質之一。只是這把火怎麼燒？燒不燒得到位？就要看這「空降部隊」上司火候如何，他的十八般武藝到底練就到了什麼程度了。

「空降部隊」上司要在最短的時間之內，鎮住整個部門的屬下，還要善盡管理之責。為了要在大老闆面前，打下自己的第一個勝仗，「空降部

隊」上司的壓力真的不小。在此情況下，這類型的上司常常會很積極地採用很多新的做法、新的想法，處心積慮地想要有一個「洗心革面」的格局。但是，人是慣性動物，習慣於用自己覺得最安全的方式來處理事情，要舊部屬改變自己的行為模式，舊部屬多少會抱怨與抗拒。若遇到舊屬下本來有機會升遷，這個機會卻活生生被搶走，新主管不免就會被舊下屬刁難，處處吃鱉，想要征服屬下更是難上加難。因此，「空降部隊」上司的這三把火可就要燒得格外小心。

據說當年陳錫蕃先生剛剛赴任駐美代表時，就讓人覺得有「新官上任三把火」的架勢，當時駐美代表處全體外交官可都是十分緊張，個個行事十分緊繃，絲毫不敢放鬆。據說當年還有人打越洋電話回來向舊長官訴苦。陳錫蕃先生為人嚴謹，一板一眼，凡是照規矩來。他赴美就任後，就規定所有駐外人員，一律早上九點要到班，不可以遲到。剛開始，還有人員抱著「一切只是形式」的心態，依然故我。哪裡知道過了九點一到辦公室，才發現自己的辦公桌上放了一張陳錫蕃先生的名片，心裡一驚，發現這下是玩真的。一個星期之後，整個辦事處沒有一個人敢遲到，大家都遵照著陳錫蕃先生的遊戲規則。換言之，這把火可是燒得很到位，很是時候，也十分恰當呢！

因此，如果你的「空降部隊」上司正在燃火，你且先稍安勿躁，先看著火勢如何，切忌不要端著水澆上去，自己找難看。

## 應對眉角 這樣和他打交道

# 1. 不要急著對新風格Say No

「空降部隊」上司剛上任後，常常做出幾件事以表現自己的才幹和革除時弊的決心，說得白話一點，就是給人下馬威，讓眾人心服口服。

很多人面對改變，會本能性地拒絕，這是人性使然。有時甚至話都還沒有聽完就嗤之以鼻或是不以為然。

有時是因為新的政策會影響自己的權益，有時候是因為新的風格會讓自己難以適應，有時候更是只因為自己本能地對這類型上司的決定為反對而反對罷了。

不妨換個角度想，適應新的風格也許有一時的困難，失去本身既有的權益也許很難平衡，但是如果這個改變對於已經面臨瓶頸的企業是有著決定性的助益，那麼一時的不便又有什麼好介意？

記得台北剛剛要開始建捷運時，整個台北主要幹道被挖得滿目瘡痍，每條大馬路幾乎天天在交通尖峰時刻塞車，大家抱怨連連，稱之為「交通黑暗期」。記得當時開車上班，每天都要提早半小時出門，以免遲到，同事們都叫苦連天。捷運一建就是許多年，天天飽受塞車之苦。現在有了捷運，到哪兒都很方便，既便捷又快速，更可以免去塞車之苦，現在也是大多數上班族的通勤選擇。現在想想，若非忍耐過了那段不便，哪來今天大眾運輸的方便？所以有時候忍一時的痛苦，就是為了將來的幸福。

對於上司的新策略，我們不妨先配合，因為沒有嘗試過，誰也不知道究竟行不行得通。給「空降部隊」上司一個機會可以大展身手，將來成功自己也必然與有榮焉。只是一味地舉反對旗，對於在職場上的你就會成為

他必須挪開的絆腳石，那無疑只是將自己置於炭火之上。

先給新風格一個機會，努力配合，如果在執行的過程中發現問題，再提出來與上司逐一討論，這樣遠比在一開始就立刻「Say No」投反對票來得好。

## 2. 不要試圖用公司的「老人」來對抗他

在職場上，不要使用「征服」或是「制服」這樣的字眼與心態，這職場上，沒有誰能真正地制服誰，即使底下的部屬百般無奈地去執行你的命令，但「要讓他們心服口服」卻是另外一個境界。

用強勢得到的順從，其實是很難達到上司所要的標準的。身為「空降部隊」上司所需要的是瞭解與溝通，而身為下屬的則要戒除「倚老賣老」的心態，誠心誠意地與之合作。

其實各種行業或公司的文化各不相同，以前曾經就有關於職場的刊物做過調查，通常就外商公司的企業文化而言，能力凌駕一切，年齡並不是升遷的重點。年紀大又未獲升遷的人，反而會變得謙虛；但是在傳統或本土的企業裡，講究職場倫理與年資，倚老賣老的情形較明顯，並且通常也是「意見領袖」，負責團隊的「輿論」。

很多下屬或員工在面對「空降部隊」上司的第一句話是：「我們以前都不是這樣做的……」，希望以這句話來否定對方新策略的價值，並肯定過去經驗的意義。可是，如果公司只是希望沿襲舊制，那麼就沒有必要向外借將，請來「空降部隊」上司來帶領你的團隊。

如果你遇上的是一位格局較大的「空降」上司，他明白自己的當務之急自然是盡快融入組織，適應企業文化與環境。所以，他們也會換個角度來看待喜歡倚老賣老的同事，發掘並善用他的優點，將這些經驗複製成他

自己的優點。

然而，如果你是資深的員工，你可以成為「助力」，但你也可能是他眼中的「阻力」。要成為「助力」或是「阻力」，那就看你自己的心態與應對了。如果你事事都以過去成功的經驗，或是過去的習慣法則來對抗他，那你就自然而然就被歸為「阻力」。當「空降部隊」上司在面對擋在自己面前的絆腳石時，根據以上的所述的幾點特質，通常的做法自然是毫不留情地移開它。

## 3. 婉轉迂迴地說明公司文化

一個主管或上司，必須要了解整個產業的趨勢與特性，這是最基本的必備要求。

對於「空降部隊」型的上司來說，他心裡很清楚他需要在最短的時間內了解整個產業與公司文化的特性，也需要在最短的時間知道公司欠缺的是什麼。唯有了解行業裡面的管理方式有哪些共通性和特點，以及主要競爭對手的情況等等，才能對症下藥。

所以他也會很希望趕緊找出這整個拼圖中迷失的是哪一塊，這樣他才能找到正確的方向，在最短的時間立下戰功。

但是，通常「空降部隊」上司背負著公司老闆的高度期望，以及下屬的觀望，還有對於外在環境的不熟悉，因此，他並沒有很充裕的時間可以來瞭解公司文化以及組織的結構。這時候，其實你不妨可以從旁婉轉迂迴地重點式提醒。

這個「提醒」的輕重拿捏十分重要，若是輕了，等於沒有說，重了的話就會流於「倚老賣老」，這時候溝通的技巧就格外的重要。

有句話說：「吃飯八分飽，健康活到老。」不過你可能沒有想過，溝

通也是一樣，只要說「八分飽」便夠了。不管說太多或說太少，都有可能會讓對方誤會你的意思，請你避免掉沒有意義的話語，只要說「八分飽」，把重點帶到，其他就讓上司自行演繹。

盡量避免使用：「我們以前都是這樣做的⋯⋯」這類話語，不妨使用「我以前雖然沒有這樣做過，不過我覺得是可行的，我願意全力以赴試試看⋯」或者是「我很樂意接受這個挑戰，我願意努力去做。」這類較正面的回應，會比較讓「空降部隊」上司感受到你配合的誠意。能不能成就一個案子，需要多種因素，但是你的態度會決定上司對你的觀感。

## 4. 不可以抱著「看好戲」的心態

在職場上有一句「空降部隊」上司的經典台詞：「我們空降部隊本來就是準備被包圍的。」這句話也同時說明了「空降部隊」的管理人員有一定的生存難度。因此，他們會很小心謹慎地面對各種挑戰，小心地挑選戰場。而下屬，就是在他的戰場上看著他的表演。你想當一個稱職的輔助者，或是一個旁觀者，其實他看你的表現便會十分清楚。

人與人之間是互相的，這是一種交互作用。你喜歡對方，他會感受到你的真心；而你心裡抱著不服氣的心態，通常你的一言一行也會在不自覺中流露出這樣的訊息。

職場上的「空降」型上司，打從上班第一天走進辦公室，四周的人面孔陌生、眼神漠然並且充滿疑問，他已經先打量過每個人的態度了。如果你的態度當中透露著一種「我就不相信你有什麼本事！」或是等著看好戲的這種不友善的訊息，那就是一個完全錯誤的應對方式與心態了。

一個團隊的成功，是每個人的努力，以及每個環節的配合。當你的「空降」主管對一切都還不熟悉，若是你不大力配合，協助他迅速進入狀

況，發揮他的長才，那團隊的失敗，也不就意味著你的失敗？在一個企業或是組織當中，把自己和上司看成是一體的，這是十分重要的。

　　老闆之所以會請他來當「空降部隊」上司而不由內部拔擢，必然此人有值得借重的地方。與其只是抱著眼紅的心情，還不如努力觀察他的優點好好學習，也許他在經驗上比較好，也許他在人脈上比較廣，更或許他在處理事情上會更圓融。你連去瞭解都不想瞭解，就抱著「看好戲」的心情，恐怕你的視野、格局永遠也無法提升。

　　最好的方式莫過於先瞭解你的「空降」上司的基本概念，對於他提出的策略或是方案，在你的心中先與過去的經驗交互比對一下，過濾出可行與不可行。然後很有技巧地提出你的建議，看看他是否有更新的想法。這樣不但可以做到彼此的腦力激盪，也可以提升你的學習視野。

## 這樣的上司教會我的事

✔ 學會對「空降部隊」型的上司有全力協助與配合的雅量。

✔ 對「空降部隊」型的上司絕對不先抱著否定的態度，而是虛心觀察對方的優點。

✔ 對「空降部隊」型的上司不抱著看好戲的心情，而是將大家視為團隊。

✔ 以同理心對待「空降部隊」型的上司，明白與體諒他背負著老闆的高度期待，以及下屬排斥效應的壓力。

✔ 在改革的過程中，溝通是最重要的一環，唯有良好有效的溝通，才能避免更多的衝突。

✔ 如果你想「新官上任三把火」，那最好的方式就是以身作則。

✔ 有時候「一意孤行」與「執行破例」，只有一線之隔，而這一線就是成功或失敗。

✔ 「空降部隊」上司的第一個工作應該是先瞭解一個企業的文化與組織的結構，以免降落在錯誤的戰場。

✔ 如果你想讓對方覺得你是想要改革，就要先讓對方知道一切都不是「只是形式上的」。

✔ 如果你是「空降部隊」上司，你要瞭解的第一件事是：改革的過程是艱辛而且反對聲浪高漲的。

✔ 對於上司的新策略，不妨先配合，因為沒有嘗試過，誰也不知道究竟行不行得通。

✔ 在職場上，不要使用「征服」或是「制服」這樣的字眼與心態，而是要「心服口服」。

✔ 你要使自己成為「空降」上司的助力，而非阻力。

✔ 面對「空降」型的上司，溝通是一種藝術，只要說「八分飽」便夠了。

- [ ] 你是否對於「空降部隊」的上司充滿敵意，認為老闆總是迷信「外來的和尚會念經」而忽略公司的人才？
- [ ] 你是否在潛意識中對「空降部隊」上司，存在著看好戲的心態？
- [ ] 你是否在面對「空降部隊」型的上司時，時常使用：「我們以前都是這樣做的……」這一類話語。
- [ ] 你對「空降部隊」型的上司，你對他的建議是否婉轉迂迴？還是倚老賣老？
- [ ] 你是否對於「空降部隊」抱著學習他的優點的謙虛態度？還是當一個旁觀者？
- [ ] 你是否對於「空降部隊」型上司的新策略或方案，會不自覺地為反對而反對？
- [ ] 當「空降部隊」上司的改革時，你是否第一個想到的是自己的權益而非整個團隊的權益？
- [ ] 你是否能對「空降部隊」上司的改革抱著「雖然改革的過程很辛苦，但是我還是願意試試看」的心情？
- [ ] 面對「空降部隊」型的上司的來臨，你是否充滿怨懟，總覺得他佔了你升遷的職缺？
- [ ] 你是否面對太子派的「空降」上司，打從心裡就認為他根本沒本事，只是運氣好而已？

# 跟著FBI學操縱人心說話術，談什麼都居上風！

## 《FBI不輕易曝光的機密說話術》

談判與銷售訓練專家 **楊智翔**◆著

本書教你用恰當的語言去說動你想溝通的對象，
教你怎麼說、怎麼問，才能聽到真心話；
**順著人心，說對話，讓事情發展照著你的劇本走！**

### 成功商業人士必讀的攻心說話術
任何人在任何場合都能用得到的讚人、讀心溝通術

定價 **280** 元

## 教你翻出最夠力的貴人牌

### 《讓貴人都想拉你一把的微信任人脈術》

亞洲八大名師 **王寶玲**◆著

沒人脈、沒錢不要緊，
重要的是你手上有沒有幾張「**超級王牌**」？
找到肯幫忙的貴人沒有你想的那麼難。

你需要的是一本
從取信到達成目的的人脈教戰手冊。

新絲路網路書店：http://www.silkbook.com，網路訂購另有折扣
劃撥帳號50017206 采舍國際有限公司（郵撥請加一成郵資，謝謝！）

# 教你輕易看清、破解他人防備的
## 心機冷讀術

### 《懂的人都不說破的 攻心冷讀術》

亞洲八大名師首席 **王寶玲** 博士◎著

現在不弄懂，以後就來不及了

現在就用最謙虛的掌控贏得你的萬事順心！

★本書適合想從被動逆轉為主動的各式人種

定價：**300**元

# 事情可以讓人心甘情願做，
## 　　　你又何必惹人厭？

定價：**300**元

### 《懂的人就能任意操縱的 心理暗示術》

亞洲八大名師首席 **王寶玲** 博士◎著

一本最容易實行的好感驅動手冊。

用最低調的主導贏得你的事事順利！

★本書適合想從惹人厭轉為得人緣的各式人種

新絲路網路書店：http://www.silkbook.com，網路訂購另有折扣

劃撥帳號50017206 采舍國際有限公司（郵撥請加一成郵資，謝謝！）

# 跨越出版沒門檻！實現素人作家夢！！

## 一本書・一個夢，為自己寫一本書！

非專職作家、首次出書……不知從何入手，
我們可以助你一步步地解決所有難題。
首度公開出書前沒人會告訴你的不敗祕辛！

### —— 出書不難，難的是如何開始 ——

已經有很多人都透過出書讓自己&世界變得更美好，
你什麼時候才要跨出這一步？
只要你有專業、有經驗撇步、有行業秘辛、有人生故事……，
不論是建立專業形象、宣傳個人理念、發表圖文創作……
不必是名人，不用文筆很好，沒有寫作經驗……這些都不是問題

**只要你願意，平凡素人也可以一圓作家夢！**

★ 全國唯一保證出書的課程・教會你如何打造A級暢銷書 ★

## 寫書與出版實務班

台灣從事出版最有經驗的企業家&華人界知名出版家

### 王擎天 博士

不藏私傳授

✓如何寫出一本書　✓出版一本書　✓行銷一本書

**國家圖書館出版品預行編目資料**

跟任何主管都合拍的溝通心法 / 鄭茜玲著. -- 初版.
-- 新北市：創見文化, 2019.8 面；公分. --（成功
良品；109）

ISBN 978-986-271-868-1 (平裝)

1.職場成功法　2.溝通技巧

494.35　　　　　　　　　　　　108010144

## 成功良品109

# 跟任何主管都合拍的溝通心法

出版者／創見文化

作者／鄭茜玲

總編輯／歐綾纖

文字編輯／蔡靜怡　　　　　　　　　美術設計／Mary

本書採減碳印製流程並使用優質中性紙（Acid & Alkali Free）最符環保需求。

郵撥帳號／50017206 采舍國際有限公司（郵撥購買，請另付一成郵資）

台灣出版中心／新北市中和區中山路2段366巷10號10樓

電話／（02）2248-7896

傳真／（02）2248-7758

ISBN／978-986-271-868-1

出版年度／2019年8月


全球華文市場總代理／采舍國際

地址／新北市中和區中山路2段366巷10號3樓

電話／（02）8245-8786

傳真／（02）8245-8718


全系列書系特約展示

新絲路網路書店

地址／新北市中和區中山路2段366巷10號10樓

電話／（02）8245-9896

網址／www.silkbook.com


**本書於兩岸之行銷（營銷）活動悉由采舍國際公司圖書行銷部規畫執行。**

線上總代理 ■ 全球華文聯合出版平台 www.book4u.com.tw

主題討論區 ■ http://www.silkbook.com/bookclub　　　◎ 新絲路讀書會

紙本書平台 ■ http://www.book4u.com.tw　　　◎ 華文網網路書店

電子書下載 ■ http://www.silkbook.com　　　◎ 電子書中心

**B 華文自資出版平台**
www.book4u.com.tw
elsa@mail.book4u.com.tw
iris@mail.book4u.com.tw

**全球最大的華文自費出版集團**
專業客製化自資出版・發行通路全國最強！